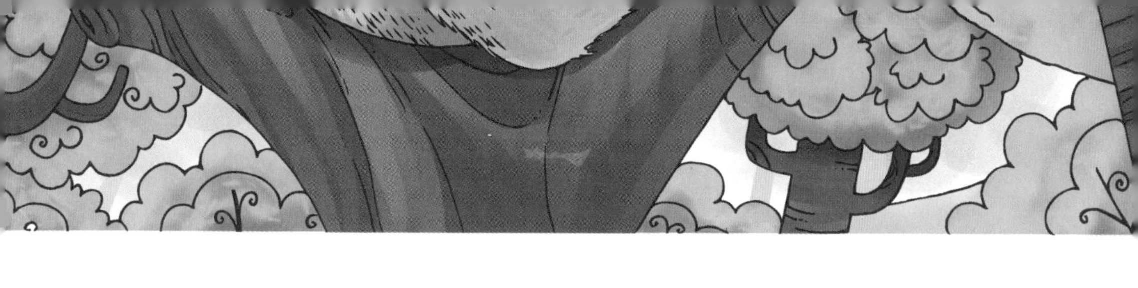

奇妙的
动植物世界

生物百科

贪睡的动物

周高升 编著

中州古籍出版社

图书在版编目（CIP）数据

贪睡的动物 / 周高升编著 . — 郑州 : 中州古籍出版社 , 2016.9
ISBN 978-7-5348-6214-4

Ⅰ . ①贪… Ⅱ . ①周… Ⅲ . ①动物—普及读物 Ⅳ . ① Q95-49

中国版本图书馆 CIP 数据核字 (2016) 第 093971 号

策划编辑：吴　浩
责任编辑：翟　楠 唐志辉
统筹策划：书之媒
装帧设计：严　潇
图片提供：fotolia
出版社：中州古籍出版社
（地址：郑州市经五路 66 号 电话：0371 － 65788808 65788179
邮政编码：450002）
发行单位：新华书店
承印单位：河北鹏润印刷有限公司
开本：710mm × 1000mm 1/16
印张：8 字数：99 千字
版次：2016 年 9 月第 1 版 印次：2017 年 7 月第 2 次印刷

定价：27.00 元
如本书有印装问题，由承印厂负责调换

前　言 PREFACE

广袤太空，神秘莫测；大千世界，无奇不有；人类历史，纷繁复杂；个体生命，奥妙无穷。我们所生活的地球是一个灿烂的生物世界。小到显微镜下才能看到的微生物，大到遨游于碧海的巨鲸，它们都过着丰富多彩的生活，展示了引人入胜的生命图景。

生物又称生命体、有机体，是有生命的个体。生物最重要和最基本的特征是能够进行新陈代谢及遗传。生物不仅能够进行合成代谢与分解代谢这两个相反的过程，而且可以进行繁殖，这是生命现象的基础所在。自然界是由生物和非生物的物质和能量组成的。无生命的物质和能量叫做非生物，而是否有新陈代谢是生物与非生物最本质的区别。地球上的植物约有50多万种，动物约有150多万种。多种多样的生物不仅维持了自然界的持续发展，而且构成了人类赖以生存和发展的基本条件。但是，现存的动植物种类与数量急剧减少，只有历史峰值的十分之一左右。这迫切需要我们行动起来，竭尽所能保护现有的生物物种，使我们的共同家园更美好。

本书以新颖的版式设计、图文并茂的编排形式和流畅有趣的语言叙述，全方位、多角度地探究了多领域的生物，使青少年体验到不一样的阅读感受和揭秘快感，为青少年展示出更广阔的认知视野和想象空间，满足其探求真相的好奇心，使其在获得宝贵知识的同时享受到愉悦的精神体验。

生命正是经过不断演化、繁衍、灭绝与复苏的循环，才形成了今天这样千姿百态、繁花似锦的生物界。人的生命和大自然息息相关，就让我们随着这套书走进多姿多彩的大自然，了解各种生物的奥秘，从而踏上探索生物的旅程吧！

目 录 CONTENTS

第一章
有脚也不走路的树懒

树懒是哺乳动物，共有2科2属6种。外形略似猴，生活于热带森林中。动作迟缓，常用爪倒挂在树枝上数小时不移动，故称之为树懒。树懒是唯一身上长有植物的野生动物，它虽然有脚，但是却不能走路，靠前肢拖动身体前行。

细说树懒习性

树懒的外貌

树懒的适应范围与同属贫齿目的食蚁兽不同，它是严格的树栖者和单纯的植食者。头骨短而高，鼻吻显著缩短，颧弓强但不完全。动物学家依据树懒趾数的多少，将它们分成三趾树懒和二趾树懒两种。三趾树懒身长50厘米，两臂平伸，宽可达82厘米，四肢为三趾。它们行动缓慢，每迈出一步需要12秒，平均每分钟只走1.8~2.5米，每小时只能走100米，比以缓慢出名的乌龟还慢，是世界上走得最慢的动物。二趾树懒体形稍大，前生二趾，后生三趾。二趾树懒的跤骨基部及附骨愈合，爪强而呈钩状，体形较小，体重4~7千克。体毛

长而粗，毛被为藻类提供了生存条件，雨季时，藻类在毛皮表面的凹陷处生长，使浅色毛皮变成绿色。它们基本不会下树，靠树叶中的水分维持生命。它们的后肢上都有三个趾，但前肢的趾的数量不同。三趾树懒分三种，它们三趾等长，小尾巴粗短，体长大约50厘米。二趾树懒分两种，它们没有尾巴，体长大约64厘米。

生活环境与习性

树懒因高度蜕化成树栖生活，丧失了在地面活动的能力。它们平时倒挂在树枝上，毛发蓬松而逆向生长，因毛上附有藻类而呈绿色，在森林中难以被发现。三趾树懒分布较广，北到洪都拉斯，南到阿根廷北部；二趾树懒分布略狭窄，北到尼加拉瓜，南到巴西北部。

这些单纯的植食者主要吃树叶、嫩芽和果实。它们难得下地，靠抱着树干，竖着身体向上爬行，或倒挂其体，靠四肢交替缓慢向前移动。它们的前肢远比后肢粗壮发达，能利用前肢长时间倒挂在树上，甚至连睡觉也是这种姿势。可这样一来，它们在地面活动时就非常不方便了，四肢斜向外

侧，根本不能支撑身体。在热带盆地的雨季，树懒能游泳转移。

树懒栖息的热带环境，温度比较稳定。它们的体温调节机能不完全，静止时体温变幅在28℃~35℃，当环境温度降至27℃时便有发抖现象，可见它们适应温度的范围是有限的。

树懒的特性

树懒是唯一身上长有植物的野生动物，它虽然有脚但是却不能走路，靠前肢拖动身体前行。如果它要移动2千米的距离，需要用时1个月。尽管如此，在水里它却是游泳健将。对于树懒来说，最好的食物是低热量的树叶，即使是这样的食物，它们吃上一点也要用好几个小时来消化。树懒生活在茂密的热带森林中，一生不见阳光，每周在排便的时候才下树，通常吃饱后就倒吊在树枝上睡懒觉，以树为家。

树懒是一种懒得出奇的哺乳动物，什么事都懒得做，甚至懒得去吃、懒得去玩耍，非活动不可时，动作也是懒洋洋的，极其迟缓。就连被人追赶、捕捉时，也好像若无其事似的，慢吞吞地爬行。面临危险的时刻，其逃跑的速度每秒不超过20厘米。

树懒挂在树上的秘密

树懒可以算是世界上最懒的动物。它的外形有点像猴。头又圆又小，耳朵也很小，而且隐没在毛中；尾巴很短，只有3~4厘米长；上颌有5齿，下颌有4齿，细小而没有釉质。

树懒有两大特点，一是它的倒挂术，二是它的伪装术。倒挂在树上是它的习性，它可以四肢朝上，脊背朝下，一动不动地挂在树上几小时，饿了就摘些树叶吃，食物不足时，它也懒得去寻找，因为它即便十天半个月不吃不喝，也安然无恙。它能长时间地挂在树上，是因它有一副发达的钩状爪，能够牢固地抓住树枝，并能吊起它重达数千克的身体。它能倒悬着进行攀爬和移动，从不会跌落下来。另外，热带森林中的树叶生长快，被吃掉后很快会重新长出来，无须它移动地方，就有足够的食物吃，而且树叶汁多，周围环境阴湿，所以它用不着下地找水喝，这一切都适合它的懒习气。因此，它睡眠、

休息、行动，几乎都是倒转的生活。由于它长期栖息在树上，偶尔到了平地，走起路来摇摇晃晃，难以立足，这是失去步行平衡能力的结果。

树懒有高明的伪装本领，因而又有“拟猴”的别名。它很会模拟绿色植物。它本来的毛色是灰褐色，长期悬挂在树上后，身上长满绿色的藻类、地衣等，给它增添了一层保护色，这使它挂在树上十分隐蔽，敌害不易发现它。这些绿色的藻类，靠它身上排出的蒸汽、呼出的碳酸气而滋生在它长毛的表面上。这些藻类的繁殖，除了给它以伪装，又给吃藻类生活的昆虫幼虫提供了共生的环境。它们靠树懒为生，树懒靠它们伪装保护自己。这种树懒、藻类奇特的结合，从树懒幼小时开始，一直持续到树懒死亡时为止。

树懒的绝技是懒惰

我们说别人走路走得慢，往往用“乌龟爬”来形容；说别人很懒惰，常常用“懒猪”来戏谑。

然而，事实上，乌龟并不是爬得最慢的动物，猪也不是最懒的动物。与树懒比起来，乌龟爬行是非常快的，而猪也显得非常勤劳。树懒即使在逃命的时候，它的速度每秒也不超过20厘米。这究竟是一种什么样的动物呢？

树懒主要分布在中美洲和南美洲的热带雨林中。它的外形有点像猴子，然而脸部却像是被人打了一拳似的，扁扁的，样子十分滑稽。

猴子是非常喜欢爬树的，而树懒对树的钟爱却有过之而无不及，一生几乎很少下树。也正因如此，在漫长的生物进化过程中，树懒已经形成了自己独有的树栖生活特征。

树懒喜欢过“衣来伸手，饭来张口”的生活。它吃的食物都是一伸手就能轻而易举地从附近的树枝上摘下来的树叶、嫩芽和果实。只要食物离自己稍远一些，它就懒得去吃。也正是这个原因，树懒忍饥耐饿的本领是非常强的，能整整一个月不吃不喝，真是既可怜又可笑！

树懒懒得出奇，它懒得去玩耍，懒得去吃食物，甚至连体温都懒得去调节。

众所周知，哺乳动物的体温是恒定的，这对生存十分重要。然而，作为哺乳动物家族一员的树懒似乎是个例外。据科学家研究，树懒的体温调节机制非常不完善，静止时体温在28℃～35℃之间变化。当环境温度降至27℃时，其他哺乳动物都还觉得非常舒适，树懒却开始浑身发抖、直打哆嗦了。幸好树懒生活的热带雨林常年高温，否则它一定会被冻死。

越是了解树懒，人们对它的生存状态就越是好奇。因为树懒除了懒之外，什么也不会。这样一种既懒惰又原始的动物，是怎么对付那些凶残的食肉动物的呢？大自然的奇妙之处就在于此。正是这种出奇的懒，赋予了树懒一种独特的伪装本领，帮助它一次又一次

躲过了掠食者的搜捕。这是怎么回事呢?

原来，热带雨林中雨水充足，植物的生长速度非常快，当然也包括苔藓等低级植物。

树懒一生都不晒太阳，久而久之，它的毛发上就长出了一层绿油油的苔藓和绿藻。更神奇的是，这层厚厚的苔藓和绿藻还会吸引一些小昆虫。这些小昆虫甚至就在树懒的毛发上定居下来。于是，树懒的整个身体上形成了一层天然的植被。在浓绿葱茏的热带雨林中，一动不动的树懒完全融入了环境，敌害根本无法发现它。大多数擅长伪装的动物都有令人称羡的独门绝招，可是伪装的实际效果还未必比得上根本没有一技之长的树懒。这真是大自然开的一个小小的玩笑啊!

如果说树懒的伪装术还有什么缺陷的话，那就是它四肢上的指爪了，只有这些锋利的指爪看起来与周围的环境显得有些格格不入。

有些树懒比较聪明，它们总是栖息在长有粗大刺突的植物上。隐藏在这些粗大的刺突之间，它们的指爪就显得不那么突兀了。

除此之外，动物的粪便和尿液常常会暴露自己的行踪，从而被天敌发现。可是，树懒的新陈代谢极其缓慢，粪便和尿液自然也极少。而且与大多数动物“随地大小便”的陋习不同，树懒在排泄时总要不辞辛苦地爬下树，抱着树干用短尾巴在地上挖个坑，当作自己的临时便池。排泄完后，它还会认真地用后肢拨些泥土和树叶掩盖好，再慢慢地爬回树上去。

看来，即便是懒，也还是有懒的“艺术”的！

第二章 不爱喝水的考拉

考拉又叫树袋熊、无尾熊、树懒熊和可拉熊。

考拉从它们取食的桉树叶中获得身体所需90%的水分，而它们只在生病和干旱的时候喝水。

考拉每天有18个小时处于睡眠状态。

澳大利亚的国宝

考拉生活在澳大利亚，既是澳大利亚的国宝，又是澳大利亚奇特而珍贵的原始树栖动物，属哺乳类中的有袋目考拉科。分布于澳大利亚东南沿海的尤加利树林区（桉树林区）。考拉虽然又被称为无尾熊、树懒熊和可拉熊，但它并不是熊科动物。熊科属于食肉目，而考拉却属于有袋目。

考拉的天然“坐垫”

考拉体长约70～80厘米，成年体重8～15千克。体态憨厚，长相酷似小熊，有一身又厚又软的浓密灰褐色短毛，胸部、腹部、四肢内侧和内耳皮毛呈灰白色，有一对大耳朵，耳有茸毛，鼻子裸露且扁平。尾巴经过漫长的岁月已经退化成一个“坐垫”，臀部的皮毛厚而密，因而它能长时间舒适潇洒地坐在树杈上睡觉。

考拉四肢粗壮，爪长，弯曲，而且尖利，每只五趾分为两排，一排为二，一排为三，善于攀树，且多数时间待在高高的树上，就连睡觉也不下来。考拉以桉树叶和嫩枝为食，几乎从不下地饮水，这是因为它从桉树叶中得到了足够的水分，因此很少饮水，所以当地人称它“克瓦勒”，意思就是“不喝水”。

喜欢吃有毒的桉树叶

考拉一生大部分时间都生活在桉树上，但偶尔也会因为更换栖息的树木或吞食帮助消化的砾石下到地面。它们的肝脏十分奇特，能分离桉树叶中的有毒物质。桉树叶是它们最主要的食物，但因为桉树叶含有有毒物质，所以它们的睡眠时间很长，通过睡眠来消化有毒物质。

考拉会通过发出嗡嗡声和呼噜声交流，也会通过散发的气味发出信号。

白天，考拉通常将身子蜷作一团栖息在桉树上，晚间才外出活动。它们沿着树枝爬上爬下，寻找桉叶充饥。它们的胃口虽然很大，但却特别挑食，在多达数百种桉树中，只吃其中的十余种。它们特别喜欢吃玫瑰桉树、甘露桉树和斑桉树上的叶子。一只成年考拉每天能吃1千克左右的桉树叶。桉树叶汁多味香，含有桉树脑和水茴香萜，因此，它们的身上总是散发着一种馥郁的桉叶香味。

考拉的寿命

在澳大利亚，考拉繁殖的季节为每年8月至翌年2月，其间，雄性考拉的活动会更旺盛，并更频繁地发出比平时更高的吼叫声。年轻的考拉离开母考拉开始独立生活时也会如此。如果考拉生活在偏远地带或靠近主要公路，那么这将预示着，这期间也是考拉护理人员最忙碌的时段，因为考拉穿过公路时，会因遭遇车祸或受到狗的攻击等因素而增大受伤与患疾病的机会。

雌性考拉一般3～4岁时开始繁殖，通常一年只繁殖一只小仔。然而，并不是所有的野生雌性考拉每年都会繁殖。新生的考拉有一对大耳朵，耳有毛绒，鼻子裸露且扁平，没有尾巴。22～30周龄时，母考拉会从盲肠中排出一种半流质的软质食物让小考拉采食。这种食物非常重要，不但十分柔软，易于小考拉采食，而且营养丰富，含有较多水分和微生物，易于消化和吸收。这种食物将伴随着小考拉度过从母乳到采食桉树叶这段重要的过渡时期，直到小考拉可以完全采食桉树叶为止，就像人类婴孩在吃固体食物之前，会吃一段时间粥状的半流质食物一样。

小考拉从育儿袋口探出身体，采食母考拉从盲肠排出的半流质软食时，会将袋口拉伸以至朝向后方。所以，“母考拉的育儿袋口是向下开口或向后开口”的说法，严格来讲，并不准确。

小考拉采食半流质食物期间，会逐渐爬出育儿袋口，直至完全躺在母考拉的腹部进行采食，最后终于开始采食新鲜的桉树叶并爬到母考拉的背部生活。当然，小考拉也会继续从育儿袋中采食，直至1岁左右。但是，小考拉的身体越来越大，再也不能将头部伸进育儿袋中，于是，母考拉的奶头会伸长，并突出于开放的袋口。小考拉会继续与母考拉一起生活，直至下一胎小考拉出生为止。这时，小考拉就不得不离开母亲，寻找属于自己的领域。如果母考拉不是

每年都繁殖的话，那么小考拉会与母亲一起生活更长时间，所以小考拉成活的机会也就越大。

通常，雌性考拉的寿命会比雄性考拉更长，因为雄性考拉常常会在争夺配偶的打斗中受伤，也因为需要维护更大的领域不得不移动更大的距离而冒着更大的车祸与被狗等动物咬死咬伤的风险，占用面积更大、土壤贫瘠的桉树林时也是如此。考拉的平均年龄令人误解，因为有些考拉的寿命最长不过几星期或几个月，而有些考拉则活的时间很长。生活在安静环境中的考拉寿命会比生活在城市郊区的更长。一些科学家估计成年雄性考拉的平均寿命为10年，但是一些分散于高速公路或住宅区边缘的亚成年考拉的平均寿命却只有2～3年。

一旦开始采食桉树叶，小考拉生长得更快、更强壮，但同时也变得更加危险。首先，小考拉会为取暖和躲藏而拥抱着母考拉腹部，但有时也会骑在母考拉背部，最后，终于离开母考拉做短距离的行走，这些行为都会让小考拉有因跌落而受伤的危险。

12月龄以后，小考拉离开母亲开创属于自己的家园，这使得小考拉的生活变得更加艰难，因为它要寻找自己的领地。在那里，不仅必须有能够提供给小考拉可口食物的桉树林，而且要靠近其他的考拉，并且最好是一些可以使它远离诸如树林毁灭、车祸和受狗攻击的安全之地。

澳大利亚考拉基金会估计，每年至少有4000只考拉死于车祸和狗的袭击，而栖息地的破坏则是对考拉生存最大的威胁。

在澳大利亚一些野生动物保护区里，人们常常看到小考拉趴在妈妈背上可爱的样子。有趣的是，考拉胆小，一受到惊吓就连哭带叫，声音好像刚出生不久的婴儿。考拉性情温驯，行动迟缓，从不对其他动物构成威胁。它的长相滑稽、娇憨，是一种惹人喜爱的动物。

考拉的天敌

考拉生活中有几个天敌，其中之一是澳大利亚犬，当考拉为了要从一棵树到另一棵树而在地上行走时，不论是成年考拉还是小考拉，都有可能受到澳大利亚犬的伤害。小考拉有时还会受到老鹰及猫头鹰的攻击。其他诸如野生的猫、狗以及狐狸等也都是考拉的天敌。现在考拉受到人类道路、交通的影响，栖息地逐渐减少，这也可以说是另一种形式上的敌人。

考拉也会生病

考拉容易感染数种不同的疾病，常见的两种是结膜炎和湿屁股，是肾脏和泌尿系统的疾病，其他还有呼吸系统的感染、一种头骨的疾病以及寄生虫等。而衣原体细菌常被认为是导致考拉生病的主要原因，专家们正在持续地研究它和考拉族群的关系。而可以发现的是考拉在人群拥挤或是食物供给量不足的地方生活时，比较容易感染疾病。而有关如何使考拉受到更好的照顾，或是减少它们受到疾病感染及受伤的相关研究，一直都在进行中——因为考拉是人类的好朋友。

挑剔的考拉

考拉是一种对食物非常挑剔的动物，它仅以采食澳大利亚的桉树叶为生，而桉树叶含纤维特别多，营养却特别低，而且对其他动物来说，还具有很大的毒性。为了适应这一低营养的食物，长期以来，考拉进化出了一套非常完善的系统与机制。

考拉的新陈代谢非常缓慢，这是保证食物可以长时间地停留在消化系统中，并最大程度地消化吸收食物中的营养物质的原因。而这种非常低下缓慢的新陈代谢活动，也让考拉可以最大程度地节省能量，保存体力。所以，我们就经常看到，考拉每天会睡上18～22小时。

考拉的消化系统尤其适应这些含有有毒化学物质的桉树叶。一般认为，这些毒素是桉树为了防止食叶动物采食树叶而产生的，而且桉树生长的土地越贫瘠，产生的毒素就越多，这也可能是考拉只吃少数几种桉树叶、有时甚至竭力避免生活在某些桉树林的原因之一。

考拉有一个消化纤维的特别器官——盲肠。其他动物，例如人类，也具有盲肠，但与考拉长达2米的盲肠相比，简直不能相提并论。盲肠中数以百万计的微生物，将食物中的纤维分解成考拉可以吸收的营养物质。尽管如此，考拉所吃进的食物中，也只有25%被消化吸收。由于通过吸收食物中的水分就能够满足考拉的需要，所以考拉很少饮水。但是在干旱季节，桉树叶中的水分含量会大大降低。考拉只有在无法从桉树叶中获取足够的水分时，才会饮水。

一只考拉每天大约采食500克桉树叶，它的牙齿也非常适合于处理这些特殊的食物。尖利的长门齿负责从树上夹住桉树叶，而臼齿则负责剪切并磨碎。门齿与臼齿间的缝隙地带，可以让考拉的舌头高效地在嘴里搅拌混合食物团。考拉对食物非常挑剔，甚至有些偏执。

在澳大利亚，桉树的种类超过600种，但考拉却只对其中的极少数种类感兴趣。

在有些地区，考拉甚至只吃一种桉树叶，多时也不过三种。当然，也有一些其他种类的树叶，包括非桉树类植物，偶尔也被考拉极少量采食，或被用来当作坐垫或睡垫。

不同种类的桉树分布在澳大利亚的不同地区，因此，分别生活在维多利亚与昆士兰的考拉，可能会吃完全不同种的桉树叶。可以想象一下，每天都吃同样的食物是一件多么枯燥而令人厌烦的事情，所以考拉有时也会尝试采食其他植物，例如金合欢树叶、茶树叶或者白千层属植物。

考拉如果吃惯了某地的桉树叶，就对别的桉树叶不感兴趣了，所以说它对食物很挑剔。

考拉的憨态

考拉非常适于树栖生活。尽管与树袋鼠之类的树栖有袋动物相比，考拉并没有明显的尾巴，但这一点也不影响它出色的平衡感。考拉肌肉发达，四肢修长且强壮，适于在树枝间攀爬并支撑它的体重。前肢与腿几乎等长，攀爬力量主要来自发达的大腿肌肉。考拉的爪尤其适应于抓握物体和攀爬。粗糙的掌垫和趾垫可以帮助考拉抱紧树枝。前掌5个手指，其中2指与其他3指相对，就像人类的拇指，因而可与其他指对握，这可以使考拉更安全地握紧物体。脚掌上，除大脚趾没有长爪外，其他趾均具尖锐长爪，且第二趾与第三趾相连。

当接近树木准备攀登时，考拉会从地上一跃而起，用它的前爪紧紧地抓住树皮，然后再向上跳跃攀登。所以，当一棵树成为考拉的家域树而被经常攀爬的时候，它的爪在树皮上留下的刮痕就非常明显。另一个证明某棵树被考拉所使用的标记就是，在树根部会有考拉小球状的排泄物。

无论是白天还是夜晚，当处于安全的家域树上的时候，考拉会自然地呈现出各种不同的坐姿和睡姿，同时也会因为躲避太阳或享受微风而不停地在树上移动位置。天气炎热时，考拉会伸展四肢并微微摇摆，以保持凉爽；天气变冷时，则会将身体缩成一团以保持体温。

考拉下树的姿势是屁股向下往下退。考拉经常下到地面并爬到另一棵树上去，这时，它们常遭到家狗、狐狸或澳洲野狗的攻击，或是被过往的车辆撞死撞伤。考拉能游泳，但只是偶尔为之。

考拉身上长有厚厚的皮毛，这对它们保持温度的恒定很有利，而且下雨时还可以当雨衣使用，以免身体遭受潮气和雨水的侵扰。考拉的皮毛呈现出淡灰色到褐色等多种颜色，其中胸部、颈部、四肢和耳朵内侧具白色斑块。成年雄性考拉白色胸部中央具有一块特别醒目的棕色香腺。

考拉尾部的皮毛特别厚实，这是因为它经常将尾巴作为坐垫来使用的缘故，而且常常被污染，以至考拉下到地面屁股朝向你时，会难以被发现存在。

成年雄性考拉体重一般在8～14千克，而雌性考拉则为6～11千

克，分布在南部的考拉，因为需要适应较寒冷的气候，所以拥有较大的体重和较厚的皮毛。

考拉大体被归为夜行性动物，在夜间及晨昏时活动较频繁，因为这比在白天气温较高时活动更能节省水分与减少能量消耗。考拉平均每天花20小时来睡觉和休息，仅剩余约4小时来采食、活动、清洁自身卫生及与其他考拉进行交流。过去，因为考拉几乎整天都在睡觉，所以人们以为考拉是采食了桉树叶而中毒的缘故。考拉这种几乎整天都昏昏欲睡的状态，实际上是它们在长期进化进程中形成的适应低营养的食物，同时节省能量消耗的有效的低新陈代谢适应机制。

考拉最明显的特征是鼻子特别发达，拥有高度灵敏的嗅觉能力，能轻易地分辨出不同种类的桉树叶，并发觉哪些可以采食，哪些有毒而不能采食。当然，也能嗅出别的考拉所遗留标记的警告性气味。

考拉会发出多种声音与其他考拉进行联系和沟通，雄性考拉主要通过吼叫来表明它的统治与支配地位，从而尽量避免打斗消耗能量，并向其他动物表明它的位置。

雌性考拉不像雄性那样经常吼叫，但也不一定，例如在交配时，雌性考拉会发出急促的尖叫声，给人以正在相互打斗的印象。母考拉与小考拉之间也会发出轻柔的嘀嗒声、啸叫声、嗡嗡声和咕哝声，温和的呼噜声则表示对对方的不满。但是当考拉感到害怕时，会发出一种类似婴儿哭叫的声音，同时伴随着颤抖和摇晃。

另外值得一提的是，考拉反应极慢，这个憨态可掬的小动物反射弧好像特别的长。曾经有人尝试，用手捏考拉一下，考拉过了很长时间才惊叫出声，令人汗颜。

考拉安家有讲究

考拉的家域树可以定义为：作为边界线标志用来标记不同考拉个体间树木归属的关键树。在人类看来，这些标记并不明显，但作为考拉，却一眼就能看出哪棵树是属于自己的还是属于别的同类。甚至一只考拉死后一年之久，别的考拉都不会搬进这块空的家域，因为这段时间，前一只考拉身体留下的香味标记和爪子刮擦树皮标记尚未自然风化消失。

当一只年轻的考拉性成熟时，它必须离开母亲的家域范围，寻找属于自己的领域。它的目标是发现并加入另一繁殖种群。发现别的考拉比发现适于居住的栖息环境更重要，考拉家域范围的大小取决于其未开垦的栖息环境质量，其中一个重要的标准就是考拉采食的关键树种的密度。

总是有一些暂时游荡于稳定群体之外的动物，作为考拉，这些动物个体则经常是雄性，常常观望于繁殖群体边缘，等待加入其中并成为永久性居民。

所有的家域树和食物树对于考拉群体中每一个成员来讲都是非常重要的，其中任何一种树木的移动和消失都会破坏考拉种群，广阔的空旷地对考拉种群来讲也是一个潜在的破坏因素，因为它会将考拉置于被狗攻击、遭遇车祸、营养不良和疾病侵扰的不利境地。

追寻考拉的祖先

4500万年以前，在澳洲大陆脱离南极板块逐渐向北漂移的时候，考拉或类似考拉的动物就已经首先开始进化了。目前的化石证明，2500万年前，类似考拉的动物就已经存在于澳洲大陆上。在板块漂移的过程中，气候开始剧烈变化，澳洲大陆变得越来越干燥，桉树、橡胶树等植物也开始改变并进化，而考拉则开始变得依赖于这些植物，20世纪40年代，考拉曾被认为灭绝。

一般认为，土著居民于6万年前甚至更早就已经来到了澳洲大陆。如同其他澳洲动物一样，考拉也成为土著文化与文明中许多神话与传说的重要组成部分。

千百年来，考拉虽然一直是土著居民的一项重要食物来源，可是这并不妨碍它们繁荣昌盛。1788年，欧洲人第一次登上澳洲大陆，第一次记录了考拉这种动物。1816年，考拉第一次有了学名“灰袋熊”。后来，人们发现，考拉根本就不是熊，于是一个哺乳动物研究小组的成员将考拉叫作“有袋类动物”，即刚出生的幼兽发育并不完全且需要在育儿袋中继续发育的动物。现在，诸如考拉之类的大多数有袋类动物分布于澳大利亚和巴布亚新几内亚。

在澳洲的土著语言中，考拉的意思即为“不喝水”。

当新的殖民者进入澳洲大陆之后，毁林垦田开始了，澳洲本土的动物开始失去它们的栖息地。

1924年，考拉在南部澳洲灭绝，新南威尔士的考拉也接近灭绝，而维多利亚的考拉估计不到500只。于是，考拉毛皮的交易焦点开始向北转向了昆士兰。

1919年，澳大利亚政府宣布了一个为期6个月的狩猎解禁期，其间，有100万只考拉被猎杀。

尽管1927年允许猎杀考拉的特别季节被正式取消，但是当禁令重新被取消前，在短短一个多月的时间，就有超过80万只考拉被猎杀。

1930年，公开猎杀考拉的暴行迫使政府宣布，考拉在所有的州均成为被保护动物。然而，却没有法律来保护那些考拉赖以生存和隐蔽的桉树林，除最近新南威尔士颁布了相关的法律之外。

2012年4月30日，澳大利亚环境部部长托尼·伯克宣布，政府将把栖居在东部新南威尔士州、昆士兰州和首都直辖区的考拉列入濒危保护动物之列。

第三章

躯体肥壮的熊

熊，食肉目，熊科杂食性大型哺乳动物，以肉食为主。躯体肥壮，四肢强健有力，头圆颈短，眼小吻长，行动迅速，营地栖生活，善于爬树，也能游泳。嗅觉、听觉较为灵敏。种类较少，全世界仅有7种，我国有4种：马来熊、棕熊、亚洲黑熊、猫熊（俗称大熊猫）。除澳洲、非洲南部外，世界各地都有分布。

从外形认识熊

熊的躯体粗壮肥大，体毛长、粗密，脸型像狗，头大嘴长，眼睛与耳朵都较小，臼齿大而发达，咀嚼力强。四肢粗壮有力，脚上长有5个锋利但却无法收缩的爪子，用来撕开食物和爬树。熊平时用脚掌慢吞吞地行走，但是当追赶猎物时，它会跑得很快，而且后腿可以直立起来。

刚出生时的熊大小与天竺鼠差不多，至少要与母熊生活一年后才能独立生存。

熊的嗅觉十分灵敏，视觉及听觉相对较差。它们的牙齿既可以防御外敌，又可以当作工具使用，爪子可以用来撕扯、挖掘和抓取猎物。

与熊相关的趣事

大多数熊食性很杂，既食青草、嫩枝芽、苔藓、浆果和坚果，也到溪边捕捉蛙、蟹和鱼，掘食鼠类，掏取鸟蛋，更喜欢舔食蚂蚁，盗取蜂蜜，甚至袭击小型鹿、羊或觅食腐尸。但是北极熊比较特殊，主要吃鱼和海豹。

生活在北方寒冷地区的熊有冬眠现象，而位于亚热带和热带地区的黑熊往往不冬眠。熊冬眠时间可持续4～5个月，在冬眠过程中如果被惊动会立即苏醒，偶尔也会出洞活动。熊冬眠的洞穴一般选在向阳的避风山坡或枯树洞内。只有在冬眠期，熊才有固定的栖息场所。除发情交配期外，其余时间熊都单独活动。母熊一般每年产1～4仔。

熊一般是温和的，不主动攻击人和动物，也愿意避免冲突，但当它们认为必须保卫自己或自己的幼仔、食物或地盘时，就会变得非常危险而可怕。

爱吃植物的眼镜熊

眼镜熊又叫南美熊、安第斯熊，产于南美，是现在唯一分布于南半球的熊，也是最爱吃植物性食物的一种熊，吃各种果、叶、根、茎，很少吃昆虫，因眼睛四周有白圈而得名。眼镜熊善于登高爬树，通常独自活动，偶以小家庭为单位，共住在一棵大树上。

高度近视的亚洲黑熊

亚洲黑熊又叫狗熊、月熊，还有个俗称叫黑瞎子。为什么叫它“瞎子”呢？因为它天生近视，百米之外看不清东西，不过它的耳、鼻灵敏，顺风可闻到半公里以外的气味，能听到300步以外的脚步声。别看它外表愚拙，实际上机警过人。平时它以植物为主食(你一定听过黑瞎子掰苞米的故事)，在秋季却大吃昆虫等动物性食品，在体内储存大量脂肪准备在树洞里冬眠。擅长爬树、游泳。因为眼神不济，所以练就了一身昼夜都行动自如的本领。亚洲黑熊分布中国、印度、俄罗斯、日本、蒙古等国。

胃口极好的棕熊

棕熊遍布亚、欧、北美三大洲，棕熊体重100 ~ 1000千克，站立时最高达近3米，体长2.5米，是现存世界上最大的食肉目动物。而叙利亚棕熊却很小，体重不足90千克。中国棕熊一般重100 ~ 500千克。棕熊的胃口非常好，荤的素的都爱吃，植物、昆虫、蜂蜜、鱼类，甚至鹿、羊、牛等都能一概吃下，所以比较凶猛，枪法不好的猎手往往反而成为棕熊的猎物。

靠“吸尘器”过日子的懒熊

“吸尘器”是对懒熊嘴部功能的形象比喻。生活于印度和斯里兰卡热带森林中的懒熊形象奇特，下唇长而善动，形状像舌头，没有上门牙，嘴可以伸进昆虫藏匿的缝隙中，像吸尘器一样把猎物席卷入口。懒熊的视觉极差，靠嗅觉和听觉活动，所以它选择了夜间出击、白天酣睡的生活，于是人称懒熊。小懒熊常常骑在母熊背上来来去去，寸步不离，这种母子感情大大强于其他熊类的母子关系。

喜欢“假离婚”的美洲黑熊

美洲黑熊分布在加拿大及美国中部和东部的森林，别看它叫“黑熊”，其实它的身体颜色有很多种，黑色、棕色、灰色……甚至连白色都有。美洲黑熊常在6~7月“娶妻生子”，不过等小熊过完一周岁生日后，一家子便各奔东西，熊爸爸、熊妈妈也各自生活，看上去像“离婚”一样。可到第二年6~7月，它们就会“复婚”，重新考虑生育下一代的事。

“冰山巨无霸”白熊

“冰山巨无霸”就是指北极熊，也就是白熊。它们生活在北极的莽莽冰原上，体大凶猛，以猎取海豹、幼海象、幼鲸、海鸟、鱼类为生，在北极地区是“土皇帝”，几乎打遍北极无敌手！貌似笨重的北极熊，行动十分敏捷，短跑甚至能赶上驯鹿或北极兔。同时，它也是冰泳高手，游泳时速达10公里，潜水时间可达2 分钟，在冰水中游上百公里不在话下，堪称“半水栖兽类”。北极熊是生活在最北部、食肉性最强的一种熊。

攀爬高手马来熊

马来熊又叫太阳熊或日熊，分布于印尼、缅甸、泰国、马来半岛及中国南部边陲的热带、亚热带山林中，是熊家族中体型最小的一种，体重只有60千克。马来熊的看家本领是攀爬，于是它把大部分时间都花在了树上，把家也安在枝叶之间。马来熊主要吃植物果、叶以及昆虫和白蚁。夜间是马来熊的天下，而白天它却会悠闲地躺在树上晒太阳。

有趣的熊冬眠

熊冬眠的原因

缺乏食物是动物冬眠的主因，如果食物充足，许多熊就不再冬眠，反而会整个冬天都在狩猎。食物不多时，熊就会躲在洞里过冬。小型哺乳类动物在冬眠时体温会急速下降，但熊的体温只会下降约4℃，不过心跳速率会减缓75%。一旦熊开始冬眠后，它的能量来源就从饮食转换为体内储存的脂肪。在阿拉斯加美国鱼类及野生动物管理局北极熊计划工作的野外生物学家汤姆·伊凡斯说，这种化学作用的变化十分剧烈。脂肪燃烧时，新陈代谢会产生毒素。但熊在冬眠时，细胞会将这些毒素分解为无害的物质，再重新循环利用。（人体内没有这种机制，如果毒素累积，人就会在一星期内死亡。）这种生化作用也让熊可以回收体内的水分，因此在冬眠时熊不会排尿。即使不冬眠，北极熊也可以利用脂肪燃烧

的机制。这种清醒式冬眠让北极熊可以不躲到洞里，整个冬天都保持活跃状态。

为了顺利度过寒冬，熊整个秋季都在拼命地吃东西，储存皮下脂肪，等到春天从蛰居的洞里出来时，体重往往也只剩三分之一。

熊在冬眠时并不是一直睡觉，只不过会尽量减少活动，避免热量消耗。其中最辛苦的是怀孕的熊妈妈，它们必须在冬眠期间生下小熊，哺育宝宝，好让小熊在来年春天时可以健康地迎接新世界。

除了熊之外，有些变温动物如青蛙、蛇等到了冬天体温也会随着气温降低，生理作用停顿下来，并会一直睡觉，进入真正的冬眠。

冬眠黑熊不排尿

美洲黑熊在秋天吃饱喝足、把身子养胖以后，就跑进深山岩洞，把自己封闭起来，开始安安稳稳地冬眠了。这时候，它们只需要一点氧气，就能足足睡上四五个月，既不进食，也不喝水，甚至连排尿也停止了。黑熊在停止排尿以后，是否会把含氮废物储存在体内呢？不，冬眠时黑熊血液中含氮废物的浓度还会有所下降呢。

这种奇特的现象究竟是怎样造成的呢？美国伊利诺伊理工大学的纳尔逊博士等人，通过十年的研究终于揭示了其中的奥秘。原来，冬眠时黑熊的肾脏几乎不产生尿，即使有很少一点尿，也采用独特的方式处理了。尿液是在膀胱内被吸收的，而尿素则在肠内被肠道细菌分解为氮，然后重新加以利用。冬眠时黑熊体内的脂肪进入新陈代谢过程后，会产生大量的丙三醇(甘油)，而氮也许是被丙三醇吸收，并被用来合成氨基酸和蛋白质了。

研究者分别给冬眠的黑熊和正常的黑熊注射带有少量放射性元素的丙三醇，然后检查它们的血液。结果发现，含有放射性元素的尿只出现在正常黑熊的体内，而在冬眠黑熊的体内却没有一点影踪。注射带有放射性元素的氨基酸时也出现了同样的情况。科学家解释说，这是因为冬眠时在黑熊体内，作为基本材料的丙三醇和氮，是周而复始循环使用的。这样，含氮的废物就不会累积起来。这与正常黑熊体内的代谢过程是不一样的。冬眠黑熊不排尿的原因，就在于此。

野外遇到熊装死有用吗?

有一个流传广泛的说法：在森林里遇到熊，为了避免受到伤害，一定要立刻躺在地上装死。那么，这招真的管用吗？其实不然。

因为熊是杂食性动物，只要饿了，什么都吃，再加上它的身体强壮，体形庞大，智力与好奇心和狗不相上下——人遇到熊，如果装死，则会有被吃掉的危险，所以千万不要装死，这种行为非常不安全。

如果在野外真的与熊不期而遇，一定要保持镇静，不要乱动，既不要刺激它，也不要与它对视，尤其要注意的是不要背对着它奔跑，因为熊有追逐猎物的习性，加之速度十分迅捷，能够轻而易举地捉住人类。正确的做法是慢慢地退到熊的视野之外，然后立即顺风跑，此外，把随身携带的东西抛到一边，转移熊的注意力，再慢慢地与它拉开距离，跑到安全地带。

第四章

蛇爱睡觉

蛇是爬行纲有鳞目蛇亚目的总称。正如所有爬行动物一样，蛇类全身布满鳞片。所有蛇类都是肉食性动物。目前全球共有3000多种蛇类。身体细长，四肢退化，无可活动的眼睑，无耳孔，身体表面覆盖有鳞。部分有毒，大多数无毒。

有毒蛇和无毒蛇的区分

蛇又有虺、螣、蚺、蜈、蛇、长虫等别称，根据品种也会有蝮、蚺、蟒、蝰等近义称呼，属于有鳞目。身体细长，四肢退化，体表覆盖鳞片，属脊椎动物。大部分是陆生，也有半树栖、半水栖和水栖的，分布在除南极洲以及新西兰、爱尔兰等岛屿之外的世界各地。以鼠、蛙、昆虫等为食。一般分有毒蛇和无毒蛇。有毒蛇和无毒蛇的体征区别有：有毒蛇头部一般呈三角形，口内有毒牙，牙根部有毒腺，能分泌毒液，一般情况下尾很短，并突然变细。无毒蛇头部呈椭圆形，口内无毒牙，尾部逐渐变细。虽可以这么判别，但也有例外，不可掉以轻心。蛇的种类很多，遍布全世界，热带最多。中国境内的有毒蛇有莽山烙铁头、五步蛇、竹叶青、眼镜蛇、蝮蛇和金环蛇等，无毒蛇有锦蛇、蟒蛇、大赤练等。

无毒蛇的肉可食用，有毒蛇的蛇毒和蛇胆是珍贵的药品，但有的蛇被列为保护动物。

蛇没有脚还爬得那么快

蛇没有脚，怎么能爬行呢？实际上，蛇不仅能爬行，而且还爬行得相当快。

蛇之所以能爬行，是由于它有特殊的运动方式：第一种是蜿蜒运动。所有的蛇都能以这种方式向前爬行。爬行时，蛇体在地面上作水平波状弯曲，使弯曲处的后边施力于粗糙的地面上，由地面的反作用力推动蛇体前进。如果把蛇放在平滑的玻璃板上，那它就无法以这种方式爬行了。当然，不必因此为蛇担忧，因为在自然界很少有像玻璃那样光滑的地面。

第二种是履带式运动。蛇没有胸骨，它的肋骨可以前后自由移动，肋骨与腹鳞之间有肋皮肌相连。当肋皮肌收缩时，肋骨便向前移动，这就带动宽大的腹鳞依次竖立，即稍稍翘起，翘起的腹鳞就像踩着地面那样，但这时只是

腹鳞动而蛇身没有动，接着肋皮肌放松，腹鳞的后缘就施力于粗糙的地面，靠反作用把蛇体推向前方，这种运动方式产生的效果是使蛇身直线向前爬行，就像坦克那样。

第三种是伸缩运动。蛇身前部抬起，尽力前伸，接触到支撑的物体时，蛇身后部即跟着缩向前去，然后再抬起身体前部向前伸，得到支撑物，后部再缩向前去，这样交替伸缩，蛇就能不断地向前爬行。在地面爬行比较缓慢的蛇，如铅色水蛇等，在受到惊动时，蛇身会很快地连续伸缩，加快爬行的速度，给人以跳跃的感觉。

蛇的冬眠

蛇是一种变温动物。它的体温随着四季气温的变化而变化，体内的代谢率和活动也与体温变化息息相关。体温高时，代谢率高，活动频繁；体温低时，代谢率低，活动减弱。

一般来说，从春末到初冬，是蛇类活动的黄金季节，特别是在骄阳似火的夏季和凉爽的秋季，蛇类活动最为活跃，经常到处流窜，昼夜寻找食物。俗话说“七横八吊九缠树”，就形象地说明7、8、9月这3个月是蛇类活动的高峰期。但是蛇喜热也是有一定限度的，尤其是在炎热的夏天，它们喜欢在树荫、草丛、溪旁等阴凉场所生活。

蛇有冬眠的习性，到了冬天盘踞在洞中睡觉。从秋季到冬季，随着气温的逐渐下降，蛇体内的代谢随之降低，当它的生理活动减慢到一定水平后，就逐渐进入冬眠期。一般的有毒蛇从11月下旬就已经相继入洞冬眠了，一睡就是几个月，不吃不喝，不蜕皮，一动不动地保持体力。这时它们往往是几十条甚至成百条群集在位于较高地势且干燥的洞穴里或树洞里蛰伏过冬。风和日丽的天气，偶尔也会出来晒太阳，有时也会进食。

待到翌年春暖花开，冰消雪融时，它们才从蛰伏状态中苏醒过来，开始外出觅食，而且蜕掉原来的“外衣”，重新开始一年新的生活。蜕皮时，蛇的新旧皮之间会分泌出一种液体，这种液体有助于蛇的蜕皮。从蛇蜕的外衣直径和长度可测出蛇的重量甚至说出蛇的名称。蛇蜕皮后不久，活动量增大，觅食量增加，体况逐渐恢复。从入洞到冬眠期大约需要3个月时间，蛇主要依赖以脂肪形式储藏在体内的营养物质进行缓慢的补充来维持其最低限度的生活营养。

蛇有牙齿却不用

蛇的消化系统非常厉害，有些蛇在吞咽食物的同时就开始消化，不过，最后会把骨头吐出来。另外，蛇还要靠在地上爬行，利用肚皮和不平整地面的摩擦来帮助消化。

毒蛇的毒液实际上是蛇的消化液，一些肉食性的蛇消化液的消化能力较强，溶解了被咬动物的身体，所以表现出毒性，人的胆汁也属这种消化液。

蛇的食欲较强，食量也大，通常先咬死猎物，然后吞食。嘴可随食物的大小而变化，遇到较大食物时，下颌缩短变宽，成为紧紧包住食物的薄膜。蛇常从动物的头部开始吞食，吞食小鸟则从头顶开始，这样，鸟喙弯向鸟颈，不会刺伤蛇的口腔或食管。吞食速度与食物大小有关，蛇5～6分钟即可吞食小白鼠，较大的鸟则需要15～18分钟。有学者认为，非洲岩蟒只有在确定猎物的鼻子或耳朵位置时，才开始吞食。蝮蛇亦有判断猎物头、尾的能力。

蛇消化食物很慢，每吃一次要经过5～6天才能消化完毕，但消化高峰多在食后22～50小时。如果吃得多，消化时间还要长些。蛇的消化速度与外界温度有关，有人观察到游蛇在气温5℃时消化完全停止，到15℃时消化仍然很慢，消化过程长达6天左右，在25℃时消化才加快进行。

蛇的牙齿是不能把食物咬碎的，它的消化系统如咽部，以及相应的肌肉系统都有很大的扩张和收缩能力。

蛇主要是用口来猎食。无毒蛇一般是靠其上下颌的尖锐牙齿来咬住猎物，然后很快用身体把活的猎物缠死或压得比较细长再吞食。毒蛇靠它们的毒牙来注射烈性毒液，使猎物被咬后立即中毒而死。蛇在吞食时先将口张大，把猎物的头部衔进口里，用牙齿卡住猎物的身体，然后凭借下颌骨做左右交互运动慢慢地吞下去。当其一侧下颌骨向后转动时，同侧的牙齿钩着食物，便往咽部送进一步，继之另一侧下颌骨向后转动，同侧牙齿又把食物往咽部送进一步。这样，由于下颌骨的不断交互向后转动，即使很大的食物，也能吞进去。

蛇喜欢偷食蛋类，有些是先以其身体压碎蛋壳后才进食。但也有些蛇，能把鸡蛋或其他更大的蛋整个吞下去。在吞食时先以身体后端或借其他障碍物顶住蛋体，然后尽量把口张大将整个蛋吞进去。有趣的是，非洲和印度游蛇科中的一类食蛋蛇，具有特殊适应食蛋的肌体结构。它们颈部内的脊椎骨具有长而尖的腹突，能穿破咽部，在咽内上方形成6～8颗纵排尖锐锯齿，当把蛋吞进咽部时，随着咽部的吞咽动作进行“锯蛋”，把硬蛋壳锯破，并且凭借颈部肌肉的张力，使蛋壳破碎，同时把蛋黄、蛋白挤送到胃里，剩下不能消化的蛋壳碎片和卵膜被压成一个小圆球，从嘴里吐出。

第五章 草原上的霸主

狮子，雄性体长达260厘米，体重200～300千克，颈部有长鬣毛；雌性体形较小，一般只及雄性的三分之二，是唯一雌雄两态和群居的猫科动物。分布于非洲的大部分地区和亚洲的印度等地，生活于开阔的草原疏林地区或半荒漠地带，习性与虎、豹等其他猛兽有很多显著的不同之处，是猫科动物中进化程度最高的。雌性的怀孕期为105～116天，每胎产2～5仔，也有多达7仔的。寿命为20～25年。

爱睡的霸主

一只成年雄狮一顿吃下34千克以上的肉后可以休息一个星期再去猎食。猎物充足的话，雄狮和雌狮每天都只在凌晨、黄昏或晚上花2～3小时狩猎，其余时间都在睡觉、休息。狮子是晨昏或夜间活动的动物，每天休息20～21小时。主要捕食有蹄类动物，如牛羚、

大羚羊、斑马，有时也捕食大象、犀牛。吃饱后要喝大量的水，然后回到隐蔽处消磨时光。

动物链接

《佛经》中说：狮子是兽中之王，有不共优胜之处。按自然规律，其睡眠也具有四种不共功德，我们如果采取狮子卧式，也能具同样的功德。一、睡时身体非常放松。我们采用狮子卧式睡眠，身体各部分都会很放松，能得到充分的休息。二、睡时不失正念。狮子在睡眠中不会失去正念，不会散乱。我们依此卧式而睡，不会忘失修持善法的正念。三、狮子睡后，不会入于酣睡、深度昏沉之中，而是处于清明而警觉的状态。我们依此也能如是，不会被痴睡迷乱蒙蔽。一般人睡着后，立即就会如昏迷一般，自己是死了还是活着都不知道，好像沉在很深的泥潭中一样。四、狮子睡后，不会做噩梦。我们依此而睡，也不会做噩梦、迷乱之梦，而会经常做吉祥梦、清净梦。

只有狮子仰着睡觉吗

除去就餐时间，人们在狮虎山看到的狮子大多不愿意动弹，而是懒洋洋地躺在地上，并且不少还是仰面躺在地上，其他动物则几乎看不到类似情况。那么，是不是只有狮子是仰着睡觉呢？没错，动物里只有狮子仰着睡觉。

野生狮子生活在炎热干燥的非洲大草原，因为气候、地理等原因，每日三分之二的时间它们都处于休息、睡眠状态。众所周知，仰卧是最放松、舒适的睡眠方式。

对于终日必须面对严酷生存环境的草食性动物来说，则要高度戒备，时刻保持警惕——往往是站着睡觉。它们不会躺着睡觉，更不会仰着睡觉。对于它们来说，露出柔软单薄的腹部睡觉绝对是致命的行为。

狮子号称“草原之王”，站在食物链的最顶端，而且是群居生活，因此一点也不担心生存的问题。

至于老虎，虽然身为“森林之王”，但是因为独居，为了安全也不会仰着睡觉。

只有贵为“万物之灵”的人类，才会同狮子一样仰着睡觉。

濒临灭绝的狮子

过去除森林外，狮子在所有的生态环境中都有，今天它们的生存环境大大地缩小了。它们比较喜欢草原，也在旱林和半沙漠中出现，但不生存在沙漠和雨林中。

生活在非洲大陆南北两端的雄狮鬣毛最为发达，一直延伸到背部和腹部，它们的体形也最大，不过这两个亚种都相继灭绝了。位于印度的亚洲狮体形比非洲狮要小，鬣毛也比较短。

现在狮子正处在灭亡边缘。过去它们曾生活在欧洲东南部、中

东、印度和非洲大陆。生活在欧洲的狮子大约在公元1世纪前后因人类活动而灭绝；生活在亚洲，尤其是印度的狮子在20世纪初差点被征服印度的英国殖民者猎杀殆尽，幸好一向将狮子奉为圣兽的印度人最后保住了它们，将它们安置在印度西北古吉拉特邦境内的吉尔国家森林公园内，今已繁衍了300～400头。而生活在西亚的亚洲狮也因偷猎而濒于灭绝，吉尔国家森林公园已成了亚洲狮最后的栖息地。

可以说，现在除印度的吉尔国家森林公园以外，亚洲其他地方的狮子均已经消失，北非也不再有野生的狮子。目前狮子主要分布于非洲撒哈拉沙漠以南的草原上，基本可以算是非洲的特产。

第六章 让人喜爱的猫

猫，又叫家狸，是鼠的天敌。有黄、黑、白、灰褐等各种颜色。身形像狸，外貌像老虎，毛柔而齿利。以尾长腰短，目光如金银，上颚棱多的最好。因小巧而招人喜爱。

未完全驯化的猫

猫已经被人类驯化了3500年，但未像狗一样完全被驯化，现在已成为全世界家庭中极为广泛的宠物。头圆、面部短。前肢五趾，后肢四趾，趾端具锐利而弯曲的爪，爪能伸缩。以伏击的方式猎捕鼠类等动物，大多能攀缘上树。趾底有脂肪质肉垫，捕鼠时不会惊动鼠，在休息和行走时爪缩进去，捕鼠时伸出来，既避免在行走时发出声响，又可以防止爪被磨钝。

猫的特征

猫的身体分为头、颈、躯干、四肢和尾五部分，大多数各个部位全身披毛，少数为无毛猫。

猫的牙齿分为门齿、犬齿和臼齿。犬齿特别发达，尖锐如锥，适于咬死捕到的鼠类；臼齿的咀嚼面有尖锐的突起，适于把肉嚼碎；门齿不发达。

猫行动敏捷，善跳跃。吃鱼、鼠、兔、鸟等。猫之所以喜爱吃鱼和老鼠，是因为它是夜行动物，为了在夜间能看清事物，需要大量的牛磺酸，而老鼠和鱼的体内就含牛磺酸，所以它不仅仅是因为喜欢吃鱼和老鼠，还因为自己的需要所以才吃。

猫作为鼠类的天敌，可以有效减少鼠类对青苗等农作物的危害，由猫的字形“苗”可见中国古代农业生活之一斑。

猫从高处掉下来或者跳下来的时候，要靠尾巴调整平衡，使带软垫的四肢着地。不能拽猫的尾巴，否则会影响它的平衡能力，也会容易使它拉稀，减短寿命。

成年猫每年春天开始发情，公猫、母猫都可发情，公猫发情通常是受附近母猫散发的气味所致。母猫一胎最多能生9只，最少能生2只，一般都是3~6只，体力好的猫一年能生2次。

“懒猫”的来历

没事就睡的猫

饲养过宠物猫的朋友似乎都有一个共识，就是猫独立性特别强，而且总是喜欢睡觉。

对于猫来说，户外野猫每天的睡眠时间可以达到14小时以上，家庭饲养的宠物猫睡眠时间长者甚至可高达20小时。家养猫似乎非常容易犯困，它们更多的时候是躺在自己的猫窝中。

例如在寒冷的冬季，它们会隔着玻璃躺在阳台上呼呼大睡。对于家养猫来说，它们每天必须要做的事情就是吃饭、睡觉，除此之外似乎没有其他事情可以做。

它们不用为下一顿食物担心，不用为生活流离失所而担心，所以当它做完它必须要做的事情——吃饭之后，就会选择睡觉，每当你看到它的时候，它似乎总是在睡觉。

有研究者称，猫习惯睡觉主要是因为“没有要做的事就睡觉”的习性原则驱使的。所以，这也可以解释家猫为什么比野猫的睡眠时间更长，所以猫就被称为“懒猫”。

但是，只要仔细观察猫睡觉的样子就会发现，只要有点声响，猫的耳朵就会动，有人走近的话，猫就会醒来。本来猫是狩猎动物，为了能敏锐地感觉到外界的一切动静，它睡得不是很死，所以不应该称之为“懒”，因为猫只有4～5小时是真睡。但从小和人类相处的猫睡得比较死，睡的时间也比较长。

任性的猫

猫显得有些任性，我行我素。本来猫是喜欢单独行动的动物，不像狗一样听从主人的命令，因而它不将主人视为君主，唯命是从。有时候，你怎么叫它，它都当没听见。猫和主人并不是主从关系，把它们看成平等的朋友关系会更好一些。也正是这种关系，才显得猫独具魅力。另一方面，猫把主人看作父母，像小孩一样爱撒娇，它觉得寂寞时会爬上主人的膝盖，或者跳到摊开的报纸上坐着，尽显娇态。

动物链接

通常猫在成长的过程中会通过互相追赶打闹学习本领，这个阶段过后也会明白什么力度不会伤害伙伴，但这个力度是不适合人类的，所以当猫把你抓痛咬痛的时候要制止，比如大声吼一下，稍微用力拍打它用力的地方，这样慢慢地它就会明白该用什么力度“攻击”你了。

猫也有洁癖

猫经常清理自己的毛。猫在很多时候爱舔身子，自我清洁。饭后猫会用前爪擦擦胡子，被人抱后用舌头舔舔毛。这些都是猫的本

能，去除自己身上的异味以躲避捕食者的追踪。猫的舌头上有许多粗糙的小突起，这是除去污垢最合适不过的工具。在主人抚摸猫以后，它常常舔自己被抚摸的地方，这是猫在记忆人的味道，因为它担心与主人分开后找不到主人。许多人误认为这是猫嫌自己脏。

猫的情绪很起伏

猫在高兴时尾巴会竖起来，或者发出呼噜呼噜的声音，生气的时候会摇尾巴。如果它饿了或者被惹生气了，它有可能会猛地扑向食物或者惹它生气的人。

自我驯化的猫

狗最初能够适应人类生活是因为它们的社会行为在许多方面正好与人类相匹配。猫却不同于人类，它们是独来独往并拥有固定领地的猎兽，而且大多活跃在夜间，然而正是猫的捕猎行为促使它们最初与人类环境相接触，而它们守护领土的强烈本能又驱使它们不断出现在相同的地方。

猫驯养的历史要比狗晚得多。这一时期可能不会早于公元前7000年，当时由于农业的兴旺发达，在中东形成了新月形米粮仓地带。家宅、谷仓和粮食商店的出现为鼠类及其他小型哺乳类动物提供了新的生存环境，而这些动物正好是小型野猫的理想猎物。

从一开始，人与猫之间就建立起互利关系：猫获得了丰富的食物来源，而人类免除了讨厌的啮齿动物的困扰。最初，这些野猫的存在可能被人类所接受甚至鼓励，人类不时抛给它们一些食物，较为驯服的一些野猫逐渐被吸纳进入人类社会，由此产生了最早的半驯化猫群体。

家猫几乎肯定是遍布于欧洲、非洲和南亚的小型野猫的后裔。在这片广袤的地域内，根据当地的环境和气候条件，演变出无数个野猫亚种群。它们的外观不尽相同，生活在北方的欧洲野猫身材粗壮，耳短，皮毛厚；非洲野猫的身材修长，耳长，腿也长；而生活在南方的亚洲野猫则身材小巧，身上带斑点。

猫的眼睛为什么会发光

猫的视觉最灵敏，因为它长在头前方的眼睛的视野广度高达285度，而脖子也可以自由转动。猫在任何时间和地点，都能采取各种攻击和防御的架势。

猫在夜晚的视力最好，到了夜间，只要有微弱的光线，它们的瞳孔便能极大地散开，甚至可扩散到最高的限度。在完全没有光线的地方或黑暗的夜里，灵敏的眼睛也看不见东西。但是只要有微弱的光线，猫的眼睛就能立即将光线放大40～50倍，因而可以看见东西。这种奇妙的光线折射方法，对于数千年前习惯于夜行的猫的祖先，是非常重要的生理特征。

猫看不见红色，但是这并不影响它们吃红色的肉。

其实猫在白天的视力比人类差，但由于猫眼有异乎寻常的收集光线能力，加上它那高性能的听力及惊人的集中力，故它在黑夜中也能视物，甚至可以说光线越暗它看得越清楚。猫之所以能在黑暗中视物，是由于它具有发达的眼角膜，其弯曲的晶状体比人类的大得多，因此晶状体的角膜位置离视网膜比较近，为了使光线精确聚焦，两者的曲度增大了，能收集的光线当然多了。

猫的眼球比人的眼球短而圆些，视野角度比人眼更宽阔。猫的

瞳孔可以随光线强弱而扩大或收闭，在强光下，瞳孔可以收缩成一条线，而在黑暗中，瞳孔可以张得又圆又大。还有猫眼底有反射板，可将进入眼中的光线以两倍左右的亮度反射出来，所以，当猫在黑暗中瞳孔张得很开时，光线反射下猫眼好像会发出特有的绿光或金光，给人一种神秘的感觉。

猫是色盲，很多科学家认为，猫只能看见蓝色、绿色，但猫不关心颜色。双眼视觉对猫这一类捕猎动物十分重要，因为它必须准确地判断里程，以便计算到达捕猎目标的距离。当动物两眼的视场重叠，即可产生立体视觉效应，重叠范围越大，立体效应就越强，而且越准确。猫判断距离的能力比人类差，但比狗强。人眼的视场重叠范围比猫眼大得多，而狗眼则比猫眼小。

猫眼在外观的形状上大致可分为三种：圆形、倾斜形和杏仁形。颜色基本上有绿色、金黄色、蓝色、灰色和古铜色等。不过，在这几类基本颜色中还有不同程度的深浅区分。

猫为什么爱抓人

很多人都一直抱怨自己家的猫总是爱抓人咬人，身上一道一道的伤疤确实隐含了主人的眼泪。但是这一切并不全是猫的错，主人也有一定的责任。

猫并不是人，它们可爱，但终究不会理解人类的心理，人类也无法探究它们在想什么。只有彼此相处一段时间后，才能明白对方心里的很多想法。

首先，猫的进化一直是向着超级猎手方向前进的，它们身体上

的所有器官都是为追上并迅速杀死猎物而生，虽然作为宠物已有数千年时间了，但这些构造并没有消失。

当主人把手放到狗的嘴里时，狗不会用力，它可以一直张着嘴或者轻轻地咬。猫也是完全可以这样的，只是需要训练，要进行引导，毕竟猫作为人类的伙伴要晚很多。我们这一代人和今后数代人都要为家猫的宠物化做努力。

野猫是攻击人类最大的猫群体，因为它们在野外必须保持警惕，不然活不下来，一些国外组织的统计数据说明流浪猫的平均寿命只有两年。它们不但要忍受同伴的欺凌，还要防止个别人类的虐待，这样的生活使它们对人类充满敌意。

那些亲近人类的流浪猫肯定都是被遗弃的家猫。但猫被遗弃的情况毕竟是少数。

遇到流浪猫不要想当然地以为它们都是可爱的，要循序渐进，消除猫的敌意，不要一开始就上去喂养或者抚摸。城市的流浪猫基

本上都是家猫，一般情况下敌意很容易消除，但不可操之过急。

不要认为猫抓伤咬伤你就说明它有多么坏，任何宠物都是需要引导的，即使是可爱的猫，也必须培养合理的生活习惯。猫不是负担，而是我们生活的一部分。

第七章 遍布世界的棕蝠

棕蝠主要栖居在城市的建筑物里，或倒挂在椽子上，或隐藏在断缝里，或安家在绝缘材料里。有些甘于寂寞的棕蝠则退回到岩洞里，倒挂在岩洞的入口处。但是，绝大多数棕蝠都钟情于上流人士8层高的豪宅。

分布广泛的棕蝠

棕蝠，蝙蝠科鼠耳蝠属和棕蝠属动物的统称，分布遍及世界。除人类外，棕蝠可能是分布最广的陆栖哺乳类动物。

鼠耳蝠属约70种，其中最有名的有北美的小棕蝠和欧洲的大鼠耳蝠。该属的种类体长3.5～8厘米，尾长4～6厘米，体重5～45克。

棕蝠属约30种，俗称大棕蝠，体长3.5～7.5厘米，尾长3.5～5.5厘米；飞行缓慢而笨重，常栖息在建筑物和树洞中。其代表种大棕蝠，是常见的北美种。

棕蝠的睡眠

棕蝠每天的睡眠时间长达20小时，清醒的时间只有4小时，一生之中大约有83%的时间都是在睡眠中度过。这种动物睡觉时呈大头朝下的姿势，只在夜间活动。由于缺少食物，它们冬眠的时间长达半年。

第八章
披甲戴盔的犰狳

犰狳，活像一个“古代武士”，全身披挂，坚甲护身，可以达到御敌自卫的目的，因而又有人称其为“铠甲鼠”。

犰狳身上的鳞片是由许多细小的骨片构成，每个骨片上长着一层角质的鳞甲，这就成为它抵御敌人的防护壳。有的犰狳凭借自己坚硬的骨甲，把身体紧紧地蜷缩起来，形成一个球形的铁甲团，连大食肉兽也别想伤害它。

犰狳的致命敌人

为了生存，犰狳除了身上御敌的甲胄外，还有杂食、昼伏夜出和栖息在自然界形成的天然洞穴等习性。它的栖息处大多是茂密的灌木丛、草地、荒野，通常还有一处浅塘或泥坑用来沐浴。

白天，犰狳躲在自然形成或自掘的洞穴里。洞穴狭窄，截面为圆形，直径大约有20～25厘米，有时可达60厘米。通常地穴有几处分支，其中的一个终止在一个巢穴处。巢穴里面铺着柔软的树叶和干草。一只能干的犰狳能打几个洞穴，每个洞穴又都有几处出口。这些洞口隐藏在树根间、空树干里或堤脚下。

爬行中，犰狳能翻过电篱，在浅水中跋涉。如果河流较窄，犰狳就深吸一口气，潜入水中，从河底爬上对岸。如果河流较宽，它就吸入空气，让肠胃涨满，然后游过去。

在昆虫食物供不应求时，犰狳就会增加觅食时间，白天也外出活动。觅食对象也扩大到小型蜥蜴、火蚁、蛇、青蛙和蟾蜍。它偏爱蛇蛋，偶尔也吃鹌鹑、火鸡和其他地面筑巢的禽蛋和幼禽。有些犰狳也吃偶然遇到的鸡蛋和小型哺乳动物。

雌、雄犰狳一般占据不同的领地。但是当夏末交配季节到来时，雄犰狳就会出发去寻找雌性配偶。交配后，它们分道扬镳。犰狳在

孕期有一种独特的生理机能，一个受精卵会很快分裂为独立的两个，然后再分裂为独立的四个。四个受精卵具有丝毫不差的染色体结构。之后在输卵管中，受精卵“畅游”一个月左右进入子宫。一般同一胎出生的幼犰狳都具有同一性别。这一现象使科学家有机会研究同一组基因是如何对动物后代的生长和发育发挥影响的。

犰狳的怀孕时间决定了小犰狳在每年3月或4月出生，那时昆虫食物丰饶。初生时的小犰狳身体发育几近完成，除了身体大小，各方面都几乎和成年犰狳一样。它们的甲胄柔软，易于弯曲。随着年龄的增加，铠甲会变硬。出生后几个小时，小犰狳就已经可以跟着妈妈去觅食了。不过，断奶还要在两个月后。那时，它们就会各自外出寻找自己的领地。小犰狳2～3年成熟，除非发生意外，寿命一般为10～15年。

犰狳会因各种食肉天敌的捕食而夭折。这些天敌包括狗、美国山猫、熊和郊狼。在受到威胁的情况下，犰狳会奔向附近的树丛，用浓密的枝条作屏障，或者团成一个紧密的球体。如果有一两分钟的时间进行躲避，它会飞速地刨出一个可以紧紧裹住身体的洞穴，这使得攻击者几乎不可能把它拽出来。

不过，犰狳最大的天敌还是人和车辆。它天生近视，又有上公路觅食死亡猎物的习性，所以它常常会出现在公路上。犰狳所具有的“自然惊吓反应”使情况变得更糟，一受到惊吓，它便向上跳跃，恰恰就撞在途经车辆的下部。

整天沉浸梦乡的犰狳

犰狳每天的睡眠时间在18～19小时，它们一天的大部分时间都沉浸在梦中，只在夜间最为活跃。科学家仍不清楚到底是什么原因导致这种动物如此嗜睡。可能的原因之一是，它们是一种独居动物。

犰狳防御三大招

根据动物学家的研究，犰狳在哺乳动物目中是具备最完善的自然防御能力的动物之一。其防御手段可概括为“一逃二堵三伪装”。

所谓“逃”，即逃跑的速度相当惊人。犰狳具有令人吃惊的嗅觉，当它处境危险时，能以极快的速度把自己的身体隐藏到沙土里。

别看它的腿短，掘土挖洞的本领却很强。犰狳的打洞能力极强，这得力于其坚硬的爪。在森林里，经常可以见到大大小小的犰狳洞，根据洞口土质的新旧程度很容易判断其是否在里面生活。曾有人这样描述犰狳打洞的本领：刚才骑在马上还看见它，但在下马的一瞬间，它已钻到土里去了。

所谓“堵”，就是它逃入土洞以后，用尾部盾甲紧紧地堵住洞口，这盾甲好似“挡箭牌”一样，使敌害无法伤害它。

所谓“伪装”，就是前述的蜷曲法，全身蜷缩成球形，身体被四面八方的“铁甲”所包围，让敌害想咬它也无从下口。

犰狳身上的铠甲由许多小骨片组成，每个骨片上长着一层角质物质，异常坚硬。于是，这副铠甲便成了它们最好的防身武器。每每遇到危险，若来不及逃走或钻入洞中，犰狳便会将全身蜷缩成球状，将自己保护起来。虽然犰狳的整个身体都披着坚硬的铠甲，但这却不妨碍它们的正常活动甚至快速奔跑。原来犰狳只有肩部和臀部的骨质鳞片结成整体，如龟壳一般，不能伸缩；而胸背部的鳞片则分成瓣，有筋肉相连，伸缩自如。

第九章
猴类中贪睡的“夜行者”

夜猴为世上唯一昼伏夜出的高等灵长目动物。它主要生活在南美洲热带雨林，彼此之间主要通过叫声来沟通。其眼睛聚光能力很强，夜间能准确地捕捉到飞行中的昆虫。

除了夜猴属之外，枭猴也算是“夜行者”，也被称为夜猴。

长相奇特的夜猴

夜猴的长相十分奇特，身体只有松鼠那么大，四肢特别细长。身上长满密毛，非常美丽、柔软。夜猴脸部长着短稀的毛，尾巴长得很结实，好像一根木棒似的拖在身后。

夜猴独特的标志是它的那双眼睛，这在动物世界里，可以算是独一无二的。

它的眼睛有四个特点：面部长着圆溜溜的大眼睛，大得出奇；这对眼睛的虹膜会显现出红、黄、褐色混合在一起的美丽色彩，眼睛周围还有白色的颌毛，眼睛上方长有棕黑色的额毛，相互映衬，显得更加美丽；眼珠凸出，眼球表面蒙着一层透明的角膜，好像大玻璃球似的；更奇异的是，它的眼睛集光能力很强，在近于漆黑的环境里，它照样能捕捉到正在飞行的昆虫。

爱夜行的夜猴

夜猴像猫头鹰一样，也是在黑夜里活动，因此它又叫鸮猴，也叫猫头鹰猴。在夜间，它正是凭着那双独特的眼睛去寻找食物。

夜猴的食性很杂，野果、昆虫、蜗牛、雨蛙、鸟蛋、蜂蜜通通都吃。它们吃东西时非常仔细，摘下果实后，总是先拿到眼前检查一番再吃，吃昆虫时则悄悄地用手的大拇指和食指捏住昆虫的翅膀，再用另一只手的同样两个指头将昆虫的脖子折断，然后再送进嘴里慢慢吃。夜猴大部分时间住在离地面30米高的树冠上，雌雄同居，雄性负责保卫地盘。

夜猴端坐的时候，头部低下，体背弯曲呈弓状，双手安放在胸下面，两足内弯，只有尾巴露在外面，远远看去，仿佛一只绒毛球。如果它没有那身浓密的“毛外衣”，赤裸裸的流线型身躯，又好像一条“鱼”。

夜猴的踝关节较长，足上有一个宽阔的大脚趾，其他四趾相对，显得很特别。它的手指细长，指间长短比例跟人类相似，指端庞大的肉垫上还长有指纹。夜猴的毛淡棕灰色，杂有一些橄榄绿色。这是它在树上的巧妙伪装。

科学家发现，夜猴的叫声复杂多变，令人惊奇，不仅能发出唧喳

喳的尖叫声，还能发出犹如雷鸣般的隆隆声，此外还有敲锣似的嘡嘡声。它们的叫声时高时低，时细时粗，变化多端，在密林中引起响亮的回声。这种复杂多变的叫声在猴类家族中是非常独特的。

夜猴是一种十分敏感的动物，它们对于突如其来的动作、声音反应非常强烈。特别是当它们打盹或睡觉的时候，遇到刺激就会立刻跃起，快速奔跑。如果遇到别的动物阻挡，它们会张嘴就咬。

身材娇小的秘鲁夜猴

秘鲁夜猴身材娇小，体重大约0.9千克，身高仅0.3米，却拥有一双灵动的大眼睛。秘鲁夜猴生活在秘鲁的森林里，只在夜间出没。科学家们一直无法找到它们——即便它们偶尔出现在人类面前，往往也会被误以为是小猫。2012年，墨西哥国立大学的科学家们费尽心思，搜索了秘鲁夜猴巢穴附近的大片森林，终于找到了这种可爱的小动物。

第十章
天生一双无辜大眼的狐猴

狐猴是马达加斯加岛上特有的一种小型灵长动物。它们瞪着无辜的大眼睛在梦工厂大片《马达加斯加》里卖力表演，还给了科学界不止一个惊喜：在埃及新发现的一种化石表明，狐猴及其他灵长动物在进化史上出现的时间比原先认为的要早得多；另外，科学家新发现了5个新的狐猴物种。

形态各异的狐猴

狐猴是灵长目原猴亚目狐猴科的通称。体形差异很大，外形与鼠、猫、狐和猴都有相似处。体长13～60厘米，重60～3000克；尾长17～60厘米，相当于或超过体长，尾毛密而长，多呈扫帚状；眼大；被毛浓密，且具鲜明的颜色；大型种类的吻部延长，形似狐嘴；外耳壳半圆形，或被毛浓密；后肢长于前肢，指、趾具扁指甲，较

小的种类第二脚趾上是带沟槽而弯曲的爪；有36颗牙齿，只有鼬狐猴为32颗牙齿，缺上门齿。

生活在马达加斯加和科摩罗群岛的狐猴，身体细长，毛发浓密而柔软，色彩和斑纹多种多样。大部分狐猴呈微红色、褐色、灰色和黑色。环尾狐猴或称马达加斯加猫，背部呈灰褐色，尾部有黑白环纹。叉斑鼠狐猴呈微红色或灰褐色，从眼睛到头顶有黑色条纹，交会后向背部延伸成一条纹。大鼬狐猴在背部呈褐色或灰色，腹部呈白色或黄色。

狐猴的体形也大小不一。最小的狐猴是侏儒狐猴和老鼠狐猴，大约只有13厘米长；最大的是领狐猴，大约60厘米长。其他大型狐猴有褐狐猴和驯狐猴，体长34～45厘米。这里所说的狐猴的体长仅指躯干，狐猴的尾巴与躯干一样长，甚至比躯干还要长。狐猴的手指和脚趾（除第二脚趾）上都有指（趾）甲，第二脚趾上则是爪子。有些狐猴在手掌和脚掌上有隆起的垫子，有些在手指和脚趾下也有垫子。某些狐猴有张狐狸的脸，短短的鼻口，大眼睛，但眼间距较小。

动物链接

狐猴是世界濒危动物名录中排名靠前的野生动物，已经被认为是最大的濒危种群之一。国际自然及自然资源保护联盟将所有的狐猴列入濒危动物《红皮书》。乱砍滥伐是导致狐猴生存危机的最主要原因，狐猴赖以生存的空间已经减少了90%。

狐猴与婴儿睡眠时间相仿

狐猴通常是几只睡在一起，每天的睡眠时间长达16小时。其实，人类在婴儿阶段，每天的睡眠时间与狐猴不相上下，也达16小时左右。

动物链接

狐猴类里最少见的是一种眼镜猴，身体只有老鼠一般大。它们住在竹林里，过的是夜生活。一条长尾巴除了尾巴尖头有一束毛之外，其余全是光秃秃的。眼睛很大，圆圆的好像戴着一副眼镜，所以叫眼镜猴。手指、脚趾上生着像圆盘一样的东西，因此在滑溜溜的光面上它也能爬行。

狐猴的习性

狐猴是最原始的猴子。它的身体形状、手脚构造虽然像猴子，但是它的嘴脸却又像狐狸又像狗。

节尾狐猴，又名环尾狐猴，为灵长目，狐猴科，真狐猴属，无亚种。它们生着一条美丽的长尾巴，尾巴上有一圈黑一圈白的环节。它们喜欢晒太阳，晒的时候背脊弓起，很像一只松鼠，伸手伸脚，享受太阳的温暖。它们很怕冷，常常几只聚在一起，尾巴绕着自己也围着同伴，简直分不清哪条尾巴是属于哪一只的。它们性情温和，喜洁净，每天都用爪子梳妆理毛。对节尾狐猴来讲，如果生来是雄性的，就注定了它一生都是“二等公民”。因为在节尾狐猴的社会里，“妇孺至上”是不可违犯的法律。从另一个角度来讲，节尾狐猴也是不同寻常的，它们是人类直系祖先动物中的一种。

最小的一种狐猴叫老鼠狐猴，有的只有几寸长。它们习惯住在树上，夜里活动。在干旱的季节，老鼠狐猴就睡长觉，几个星期不吃东西，不过在睡长觉之前，它们会尽量多吃把脂肪积储起来，在睡长觉的时候慢慢吸收到身体的各组织中，维持生命。

这一类极低级的猴子里，还有一种叫细指猴。它生活在马达加斯加的密林里，不仅吃昆虫，而且特别喜欢吃甘蔗汁，在黑夜里的甘蔗田里常常能看到它们的踪迹。细指猴手指极细，尤其是中指。这样的细指能够从树皮的小孔里挖出昆虫吃。吃蛋和硬果壳果的时候，它先用牙齿咬开一些，用一只手托住，然后用极细的手指伸进去挖出里面的东西来吃，挖的时候速度极快。

另外，马达加斯加岛附近所产的鼬狐猴的体形比一般狐猴小，体长约25厘米，尾与身体等长。眼大鼻裸，体毛呈黄褐色。北部种类色泽偏灰；南部种类则偏浅淡；东岸的两种毛色较深，体形亦大些，体长在30厘米左右，尾稍短。鼬狐猴具有特殊的消化系统，能将自己的粪便再次吃下，在盲肠中吸收其养分。这种盲肠吸收型动物，在灵长类中极为少见。鼬狐猴为夜行性猴类（诺西比鼬狐猴除外）。白天，天气很热时，它们都躲在树林中的阴凉处睡觉，夜晚出来觅食。区别于多数夜行动物的是，鼬狐猴不吃昆虫等食物，而是以树叶、花蕾等植物为主食。

第十一章 爱吃爱睡的猪

猪，杂食类哺乳动物。身体肥壮，四肢短小，鼻子和口吻较长，体肥肢短，性温驯，适应性强，繁殖快，有黑、白、酱红或黑白花等色。出生后5～12个月可交配，妊娠期约为4个月。平均寿命20年。猪是五畜之一，在十二生肖里列末位，被称之为亥。生活中有很多关于猪的典故和习俗。

追溯猪的历史

猪的历史要追溯到4000万年前，有迹象证明家猪可能来自欧洲和亚洲。在被人们发现的化石中证明有像野猪一样的动物穿梭于森林和沼泽中。

野猪首先在中国被驯化，中国养猪的历史可以追溯到新石器时代早、中期。

据殷墟出土的甲骨文记载，商周时代已有猪的舍饲。而后随着生产的发展，逐渐产生了对不同的猪加以区分的要求。商周时代养猪技术上的一大创造是发明了阉猪技术。

汉代，随着农业生产的发展，养猪已不仅为了食用，也为积肥。这一情况促进了养猪方式的变化。汉代以前虽已有舍饲，但直至汉

动物链接

大白猪又叫作大约克猪。原产于英国，特称为英国大白猪。输入苏联后，经过长期风土驯化和培育，成为苏联大白猪。后者的体躯比前者结实、粗壮，四肢强健有力，适于放牧。18世纪于英国育成。

代，放牧仍是主要的养猪方式。当时在猪种鉴定上已知猪的生理机能与外部形态的关系，这对汉代选育优良猪种起到了很大的作用。

魏晋南北朝时期，舍饲与放牧相结合的饲养方式逐渐代替了以放牧为主的饲养方式。随着养猪业的发展和经济文化的不断进步，养猪经验日益丰富。

隋、唐时养猪已成为农民增加收益的一种重要途径。元代在扩大猪饲料来源方面有很多创造。明代中期，养猪业曾经遭受严重摧残。

正德十四年（1519年），因“猪”与明代皇帝朱姓同音，被下令禁养，旬日之间，远近尽杀，很多家养猪被减价贱售或埋弃。但禁猪之事持续时间不长，正德以后养猪业又很快获得发展，并在养猪技术如猪品种鉴别和饲养方法等方面取得一些成就。

爱打鼾的猪

猪的行为有明显的昼夜节律，大部分的活动在白昼。在温暖季节和夏天，猪在夜间也有活动和采食。遇上阴冷天气，活动时间缩短。猪昼夜活动也因年龄及生产特性不同而有差异。休息高峰在半夜，清晨8时左右休息最少。

哺乳母猪睡卧时间随哺乳天数的增加而逐渐减少，走动次数由少到多，时间由短到长，这是其特有的行为表现。

哺乳母猪睡卧休息有两种，一种是静卧，一种是熟睡。

静卧休息姿势多为侧卧，少为俯卧，呼吸轻而均匀，虽闭眼但易惊醒；熟睡为侧卧，呼吸深长，有鼾声且常有皮毛抖动，不易惊醒。

仔猪出生后3天内，除吸乳和排泄外，几乎全是酣睡不动， 随

动物链接

猪特别喜爱甜食，研究发现未哺乳的初生仔猪就喜爱甜食。颗粒料和粉料相比，猪更爱吃颗粒料；干料与湿料相比，猪更爱吃湿料。

日龄增长和体质的增强，活动量逐渐增多，睡眠相应减少，但至40日龄大量采食补料后，睡眠时间又有增加，饱食后一般较安静睡眠。仔猪活动与睡眠一般都尾随效仿母猪。

出生后10天左右同窝仔猪便开始群体活动，很少单独活动，睡眠休息主要表现为群体睡卧。

猪的生活很精彩

采食行为

猪的采食行为包括摄食与饮水，并具有各种年龄特征。

★ 拱土特性

猪有天赋拱土的遗传特性，拱土觅食是猪采食行为的一个突出特征。猪鼻子是高度发育的器官，在拱土觅食时，嗅觉起着决定性的作用。尽管在现代猪舍内，猪的饲料是平衡日粮，但猪还是表现

动物链接

猪在觅食时，先是用鼻闻、拱、舔、啃，当食料合乎口味时，才开口采食，这种摄食过程也是探究行为。同样，仔猪吸吮母猪乳头的序位、母仔之间彼此能准确识别也是通过嗅觉、味觉探查而建立的。

出拱地觅食的特征。猪在取食时每次都力图占据食槽有利的位置，有时将两前肢踏在食槽中采食，如果食槽易于接近的话，个别猪甚至钻进食槽，站立食槽的一角，就像野猪拱地觅食一样，以吻突沿着食槽拱动，将食料搅弄出来，抛洒一地。

★ 采食与饮水频率

群饲的猪比单饲的猪吃得多、吃得快，增重也高，这是因为猪具有竞争性。猪在白天采食6～8次，比夜间多1～3次，每次采食持续时间10～20分钟，不仅采食时间长，而且能表现每头猪的嗜好和个性。大猪的采食量和摄食频率随体重增大而增加。仔猪每昼夜吸吮次数因年龄不同而异，在15～25次范围，占昼夜总时间的10%～20%。

在多数情况下，饮水与采食同时进行。

猪的饮水量是相当大的，仔猪初生后就需要饮水，仔猪吃料时饮水量约为干料的2倍，即水与料之比为2：1；成年猪的饮水量除饲料组成外，很大程度取决于环境温度。吃混合料的小猪，每昼夜饮水9～10次，吃湿料的平均饮水2～3次，吃干料的猪每次采食后需要立即饮水，自由采食的猪通常采食与饮水交替进行，直到吃满意为止，而被限制饲喂的猪则在吃完料后才饮水。月龄前的小猪就可学会使用自动饮水器饮水。

排泄行为

猪不在吃睡的地方排粪尿，或许是祖传本性。野猪不在窝边拉屎撒尿，是要避免被敌兽发现。

在良好的管理条件下，猪是家畜中最爱清洁的动物。猪能保持其睡卧处干洁，能在猪栏内远离睡卧处的一个固定地点进行排粪尿。猪排粪尿是有一定的时间和区域的，一般多在食后饮水或起卧时，选择阴暗潮湿或污浊的角落排粪尿，且受邻近猪的影响。

据观察，生长猪在采食过程中不排粪，饱食后5分钟左右开始排粪1～2次，多为先排粪后排尿；在饲喂前也有排泄，但多为先排尿后排粪；在两次饲喂的间隔时间里多为排尿而很少排粪；夜间一般排粪2～3次，早晨的排泄量最大，猪的夜间排泄活动时间占昼夜总时间的1.2%～1.6%。

群居行为

猪的群体行为是指猪群中个体之间发生的各种交互作用。结对是一种突出的交往活动，猪群体表现出更多的身体接触和保持听觉的信息传递。

在无猪舍的情况下，猪能自我固定地方居住，表现出定居漫游的习性，猪有合群性，但也有竞争性，如大欺小、强欺弱和欺生的好斗特性。猪群越大，这种现象越明显。

一个稳定的猪群，是按优势序列原则，组成有等级制的社群结构，个体之间保持熟悉，和睦相处，当重新组群时，稳定的社群结构发生变化，则爆发激烈的争斗，直至重新组成新的社群结构。

猪群具有明显的等级，这种等级刚出生后不久即形成，仔猪出生后几小时内，为争夺母猪前端乳头会出现争斗行为，常出现最先出生或体重较大的仔猪获得最优乳头位置。同窝仔猪合群性好，当它们散开时，彼此距离不远，若受到意外惊吓，会立即聚集一堆，或成群逃走。当仔猪同其母猪或同窝仔猪离散后不到几分钟，就出现极度活动，大声嘶叫，频频排粪尿。年龄较大的猪与伙伴分离也有类似表现。

猪群等级最初形成时，以攻击行为最为多见，等级顺位的建立，是受构成这个群体的品种、体重、性别、年龄和气质等因素的影响。一般体重大、气质强的猪占优位，年龄大的比年龄小的占优位，公比母、未去势比去势的猪占优位。

小体形猪及新加入到原有群中的猪则往往列于次等，同窝仔猪之间群体优势序列的确定，常取决于断奶时体重的大小，不同窝仔猪并圈喂养时，开始会激烈争斗，并按不同来源分小群躺卧，24～48小时内，明显的统治等级体系就可形成，一般是简单的线型。

在年龄较大的猪群中，特别在限饲时，这种等级关系更明显，优势序列既有垂直方向，也有并列和三角关系夹在其中，争斗优胜者，次位排在前列，吃食时常占据有利的采食位置，或有优先

采食权。

在整体结构相似的猪群中，体重大的猪往往排在前列，不同品种构成的群体中不是体重大的个体而是争斗性强的品种或品系占优势。

优势序列建立后，猪群就开始和平共处的正常生活，优势猪尖锐响亮的呼吸声形成的恐吓和用其吻突佯攻，就能代替咬斗，次等猪马上就退却，不会发生争斗。

争斗行为

争斗行为包括进攻防御、躲避和守势的活动。

在生产实践中，猪的争斗行为一般是为争夺饲料和争夺地盘。

新合并的猪群内的相互交锋，除争夺饲料和地盘外，还有调整猪群居结构的作用。

当一头陌生的猪进入猪群时，这头猪便成为全群猪攻击的对象，攻击往往是严厉的，轻者伤皮肉，重者造成死亡。如果将两头陌生性成熟的公猪放在一起时，彼此也会发生激烈的争斗。它们相互打转、相互嗅闻，有时两前肢趴地，发出低沉的吼叫声，并突然用嘴撕咬，这种斗争可能持续1小时之久，屈服的猪往往掉转身躯，号叫着逃离争斗现场。

虽然两猪之间的格斗很少造成伤亡，但对一方或双方都会造成巨大损失。在炎热的夏天，两头幼公猪之间的格斗，往往因热极虚脱而造成一方或双方死亡。

猪的争斗行为，多受饲养密度的影响，当猪群密度过大，每猪所占空间下降时，群内咬斗次数和强度增加，会造成猪群吃料攻击行为增加，降低饲料的采食量和增重。

第十二章 不好惹的刺猬

刺猬体背和体侧满布棘刺，头、尾和腹面被毛；嘴尖而长，尾短；前后足均具5趾，跖行，少数种类前足4趾；头和四肢均不可见。中国有2属4种。普通刺猬栖息于山地森林、草原、农田、灌丛等，昼伏夜出，取食各种小动物，兼食植物，有时为害瓜果。

不用付薪水的“园丁”

刺猬是一种体长只有25厘米左右的小型哺乳动物，嘴尖，耳小，四肢短。虽然身单力薄，行动迟缓，但却有一套保护自己的牙齿。其牙齿有36～44颗，均具尖锐齿尖，适于食虫；受惊时，全身棘刺竖立，蜷成刺球状。

除肚子外，刺猬全身长着粗短的棘刺，连短小的尾巴也埋藏在棘刺中。

刺猬有非常长的鼻子，触觉与嗅觉很发达，以昆虫和蠕虫为主要食物，一晚上大约能吃200克虫子，对农业有益。有时吃幼鸟、鸟蛋、蛙、蜥蜴等，偶尔也吃农作物。最喜爱的食物是蚂蚁与白蚁，当它嗅到地下有这类食物时，会用爪子挖出洞口，然后将它的长而黏的舌头伸进洞内一转，即获得丰盛的一餐。

刺猬住在灌木丛内，会游泳，怕热。在秋末开始冬眠，直到第二年春季，气温上升到一定程度才醒来。刺猬喜欢打呼噜，和人相似。

在野生环境自由生存的刺猬会为公园、花园、小院清除虫蛹、老鼠和蛇，是不用付薪水的“园丁”。当然，有时难免也会偷吃一两个果子，这只是说明它饿极了。

当遇到敌人袭击时，它的头朝腹面弯曲，身体蜷缩成一团，包住头和四肢，浑身竖起钢刺般的棘刺，宛如古战场上的“铁蒺藜”，使袭击者无从下手。

刺猬每年4月开始婚配生育，一年一胎。初生幼仔背上的毛稀疏柔软，但几天后便逐渐硬化变为棘刺。和豪猪不同，刺猬的刺不会脱落。

刺猬一般能抵抗多种毒物，但无法抵抗杀虫剂，有时会因误食被杀虫剂杀死的虫子而中毒身亡，有时也会因行动缓慢而被高速行驶的车辆辗死。刺猬的主要天敌是貂、猫头鹰和狐狸等食肉动物。

当它在环境中发现某些有气味的植物时，会将其咀嚼然后吐到自己的刺上，使自己保持当地环境的气味，以防止被天敌发觉，也使其刺上可能沾染某些毒物，以抵抗攻击它的敌人。

刺猬的冬眠

刺猬是异温动物，因为它们不能稳定地调节自己的体温，使其保持在同一水平，所以在冬天时有冬眠现象。枯枝和落叶堆是它们最喜欢的冬眠场所。

冬眠表现

冬眠是休眠现象的一种，是动物对冬季不利的外界环境条件（如寒冷和食物不足）的一种适应。主要表现为不活动、心跳缓慢、体温下降和陷入昏睡状态。常见于温带和寒带地区的无脊椎动物、两栖类、爬行类和许多哺乳类（如蝙蝠、刺猬、旱獭、黄鼠、跳鼠）等。

刺猬冬眠过程可分为入眠、深眠和出眠3个阶段。

入眠动物体温开始降低到稳定地接近环境温度的过程，大约需要一到数日。

入眠的外界刺激因素主要是温度。各种动物入眠的环境温度上限相差很大，蝙蝠是24℃～28℃，刺猬是27℃左右，黄鼠是20℃～22℃，仓鼠是9℃～10℃。

光照、食物及饮水的供应也影响入眠。入眠的内部因素主要是体重。

一般认为，体重迅速增加直到较稳定地停留在较高水平，则是动物已具备入眠的内部条件。否则，环境温度虽低，但动物仍不入眠。

待体温调节到接近环境温度后，便进入深眠。

深眠时间长短不定，一般可达数月之久。这时的生理状态发生了极大的变化，呼吸明显减少，如刺猬的呼吸运动，从常温每分钟6～18次降到1～3次。

在此阶段有时还出现一种间歇式（阵发性)呼吸，即在短时期较

快地连续呼吸之后有一个较长的停息。与恒温动物不同，冬眠动物的间歇性呼吸属于正常的生理状态。

与此同时，循环系统亦发生显著变化，心率极度减慢。

冬眠蝙蝠的心率由正常的每分钟330～920次降到30次，蜂鸟由每分钟480～1200次降到48次，黄鼠由每分钟300次降到4～7次。同时血压亦极低，仓鼠和土拨鼠的血压从常温状态的100毫米汞柱降到50毫米汞柱，刺猬从113毫米汞柱降到35毫米汞柱。

此时外周血管广泛收缩，只有最重要的胸腔器官及脑部保持着低水平的血液循环。这样就最大限度地节约能量，而保证生命活动的继续。

当环境温度回升到一定高度时，深眠动物便被迅速激醒，体温回升以及各系统功能恢复到正常状态（出眠）。

刺猬的出眠温度约为9℃，达乌尔黄鼠约为10℃。

除这种自发性激醒外，其他外因，如电、机械、寒冷或加温、化学刺激以及注射药物或激素都可以使冬眠动物激醒。激醒初期，呼吸由节律性转变为间歇性。

经过几次阵发性呼吸之后，又变成节律性呼吸，而且频率越来越快，如刺猬可达每分钟60次，待苏醒后又趋向平静，变成每分钟36～40次。

心率也一样逐渐加快到超过正常水平，然后又恢复平静，这种呼吸和心率的亢进与激醒开始时的战栗产热有关。

与此同时，身体前部的血管舒张，加强心、肺和脑的血液循环，待身体前部复温后，身体后部血管才开始舒张并迅速复温。由于这样的主动复温，使得整个过程只需1.5～2.5小时便可使体温上升30℃以上而完全苏醒。

在冬眠过程中，动物是处于活动(常温)与麻痹（低温）交替的冬眠状态。活动时期约为几小时至几天。有些种类动物在此期间进行排泄或进食。大多数种类动物不进食，但进行某些生理平衡的调整。

冬眠动物在长达100多天的冬眠季节内不吃不喝而仍维持生命，是由于有充足的能量储备，而代谢又降到最低水平，为活动时的1%～2%。其呼吸商接近0.7，主要靠氧化脂肪来供给能量和水分。

冬眠型动物在肥育期内便储存了相当于体重30%～50%的脂肪，大多数集中于皮下，不仅供给能量，而且还有保温作用。冬眠型动物的褐脂较非冬眠型动物多，而经过冬眠后又减少最多。曾被人认为是与冬眠有关的内分泌腺，有冬眠腺之称。

刺猬的神奇故事

春秋秦文公的时候，陕西陈仓有个人在挖土的时候捉到一只奇怪的动物，按照当时的记载，它“形如满囊，色间黄白，短尾多足，嘴有利喙”，陈仓人觉得把这样稀罕的动物当作瑞兽献给文公，一定能得到很多赏赐，于是兴冲冲地拿着这种动物回去。在路上碰到两个诡异的童子，那两个童子拍着手笑道：“你残害死人，现在还是

被活人逮住了吧!”

陈仓人十分诧异:“二位小哥，此话怎讲?”“我们说的是你手上的‘东西’，它叫刺猬，习惯在地下吃死人的脑子，因此得了人的精气，能够变化。”

两个童子嘻嘻哈哈，“你要抓好它，别让它跑了!”这时候，陈仓人手上的刺猬忽然开口说起人话来:“他们两个童子，其实是野鸡精，叫作陈宝，你抓住雄的可以称王，抓住雌的可以称霸。”那人反应极快，立刻舍了刺猬去抓童子，两个童子忽然变成两只斑斓的雉鸡振翅飞走了。陈仓人再回头看刺猬，也早已不知去向。

后文公的继任者穆公在陈仓山狩猎的时候捉到一只玉色宝鸡，这只玉色宝鸡被捉后立刻化成石鸡，有认识的人说，这是“宝夫

人”，得到可以称霸，后来秦穆公果然称霸，把捉到宝夫人的地方称为“宝鸡”。再说那只雄雉，在配偶被捉后逃到了南阳，据说在400年后被汉光武帝刘秀捉到，成就了一番王业。

传说中的刺猬和黄鼠狼、水獭、狐狸一样，位列“仙班”，在中医上，刺猬皮被称为“仙人衣”，以往在民间是很少会有人敢大肆捕杀它们的。

刺猬的四季习性

春　季

冬眠结束，刺猬醒来，当气温上升到10℃时，它们会感到非常口渴，急切地寻找水源。此时千万不要好心地喂它们牛奶，因为这样会导致它们死亡。这时比寻找食物更要紧的是寻找配偶。母刺猬在接受求偶前，公刺猬要在母刺猬周围耗上几小时之久。母刺猬怀孕后，公刺猬就完成了使命。母刺猬开始寻找安全清静的地方作为自己和30天后即将出生的小刺猬的巢穴。如果你在后院的木料堆附近发现了刺猬的行迹，请暂时推后春季大扫除，因为这里很可能已经成为母刺猬的产房。

夏　季

小刺猬出生时，全身有100多根刺，出生后前两周无视力，由母乳喂养4～8周，而后母刺猬教它们如何觅食。两个月后，母刺猬停止照顾小刺猬，让它们独立生活。成熟的刺猬平均每餐进食40克。大约90%的小刺猬寿命不到一年。如果您想对养育幼子中的刺猬妈妈提供帮助，可以在它们出没的地方撒些猫粮、狗粮，千万不要拿牛奶、咸面包和有调料的食品给它们。

秋　季

刺猬主要的精力都放在觅食上。成年刺猬体重可达2.5千克，而它们每晚可吃掉0.2千克的食物。它们用小树枝和杂草来营造冬眠的巢穴。有时它们的巢穴有50厘米的隔层。它们也能在木制楼梯下或其他人造场所睡眠。

冬　季

刺猬在巢穴中冬眠时，体温下降到6℃，此时它是世界上体温最低的动物之一。呼吸1～10次/分钟。枯枝和落叶堆是刺猬最喜欢的冬眠场所。此时人们如果焚烧落叶，将是刺猬的灭顶之灾。冬眠中的刺猬偶尔会醒来，但不吃东西，很快又入睡了。冬眠的刺猬如果过早地醒来，是会被饿死的。

第十三章 身小尾巴大的松鼠

松鼠，是哺乳纲啮齿目一个科，其下包括松鼠亚科和非洲地松鼠亚科，特征是长着毛茸茸的长尾巴。松鼠与其他亲缘关系接近的动物又被合称为松鼠形亚目。一般体形细小，以草食性为主，食物主要是种子和果仁，部分物种会以昆虫和蔬菜为食，其中一些热带物种更会为捕食昆虫而进行迁徙。原产于我国东北、西北及欧洲，除了在大洋洲、南极洲外，全球其他地区都有分布。

用尾巴当棉被

松鼠耳朵和尾巴上的毛特别长，能适应树上生活；它们使用像长钩的爪子和尾巴倒吊在树枝上。在黎明和傍晚也会离开树，到地面上捕食。

松鼠夏季全身红毛，到了秋天会更换成黑灰色的冬毛并紧密地裹住全身。体长20～28厘米，尾长15～24厘米，体重300～400克。眼大而明亮，耳朵长，耳尖有一束毛，冬季尤其显著。

初生的松鼠很小，全身无毛，眼睛也看不见东西，8天后才开始长毛，30天后才睁开眼睛，45天能食用坚硬的果实，此时也愿意到室外活动，行动变得十分敏捷。

松鼠是对主人非常温顺的小家伙，我们也要温柔地对待它，这样它会对你死心塌地，绝对不会用牙齿伤害到你。当然它会用牙齿轻轻地啃你的手指，和你玩耍，这是它对你友好的表示。

松鼠在茂密的树枝上筑巢，或者利用其他鸟的废巢，有时也住在树洞中。它们除了吃野果外，还吃嫩枝、幼芽、树叶以及昆虫和鸟蛋。

秋天一到，松鼠就开始储藏食物，一只松鼠常将几千克食物分几处储存，有时还见到松鼠在树上晒食物，不让它们变质霉烂。这样在寒冷的冬天，松鼠就不愁没有东西吃了。

早熟的松鼠

松鼠生儿育女的能力很强，它与别的啮齿动物一样，具有成熟早、繁殖快的特点。

每年的一二月间，雌雄松鼠开始谈情说爱，雄鼠摆动粗大的尾巴在树冠上跳跃追逐雌鼠，此时雌鼠也兴奋不已地热烈相随。发情期约延续两周，这期间雌雄都是食欲旺盛。对雄性则要求性欲旺盛，配种能力强；而对雌性则要求母性强，胎产数多，泌乳量充足。

配种时以一雄一雌或一雄多雌的交配方式，松鼠怀孕的时间大约为35～40天，4月初进入哺乳期，每年能产仔3次左右，每次能产4～6只。只要食物充足，松鼠的雌性个体就能繁殖较多个体，有着较强的繁殖力。

初出生的幼仔以母体乳汁作为全部营养需求的来源，因此，此时应特别注意母体的营养状况。